4校联合毕业设计营——后世博

"Post EXPO" — Workshop from 4 Academy of Fine Arts

王海松　傅祎　杨岩　黄耘 | 主编

上海大学美术学院建筑系
中央美术学院建筑学院
广州美术学院设计学院建筑与环境艺术设计系
四川美术学院建筑艺术系

中国建筑工业出版社

图书在版编目（CIP）数据

4校联合毕业设计营——后世博／王海松等主编．—北京：中国建筑工业出版社，2010.11
ISBN 978-7-112-12639-2

Ⅰ.①4… Ⅱ.①王… Ⅲ.①环境设计-作品集-中国-现代 Ⅳ.①TU-856

中国版本图书馆CIP数据核字（2010）第222692号

《4校联合毕业设计营——后世博》编委会
戎 安　丁 圆　六角鬼丈　谢建军
李 勇　王平妤　陈 瀚　何夏昀

责任编辑：吴 绫　李东禧
版式设计：鞠黎舟
责任设计：赵明霞
责任校对：赵 颖　王雪竹

4校联合毕业设计营——后世博
"Post EXPO" — Workshop from 4 Academy of Fine Arts
王海松　傅祎　杨岩　黄耘 ｜ 主编
上海大学美术学院建筑系
中央美术学院建筑学院
广州美术学院设计学院建筑与环境艺术设计系
四川美术学院建筑艺术系
*
中国建筑工业出版社出版、发行（北京西郊百万庄）
各地新华书店、建筑书店经销
北京嘉泰利德公司制版
北京画中画印刷有限公司印刷
*
开本：889×1194毫米　1/20　印张：13　字数：340千字
2010年11月第一版　2010年11月第一次印刷
定价：78.00元
ISBN 978-7-112-12639-2
　　　　（19933）

版权所有　翻印必究
如有印装质量问题，可寄本社退换
（邮政编码 100037）

贺词

由上海大学美术学院、中央美术学院、广州美术学院、四川美术学院联合举办的毕业设计取得了预期成果和圆满成功。本次联合设计为院校之间、师生之间搭建了取长补短、学术交流、启迪智慧的宝贵平台。

围绕"城市，让生活更美好"这个世博会期间及之后都要不断思考的命题，四院校学生们各展所长，演绎出千姿百态的创意，其中不乏大胆、激进、妙趣横生的想法。创意固然重要，而解题更具挑战。回归到专业的范畴，集中笔墨"小"题"大"做，许多作品呈现出厚积薄发的力道和对未来的美好愿景。

本次联合教学实践，瞄准上海世博会地块及场馆如何再利用这一主题，紧扣科学发展的主旋律，鼓励在规划、建筑、环境等各层面的探索和思考，蕴涵了极大的创作挑战性，利于学生根据兴趣出发点进行探索。

"后世博"这一课题为想象力打开了纵横驰骋的大门。相信同学们通过本次教学实践会在设计之路上有新的提炼和升华。

首先祝贺"2010四校联合毕业设计教学"活动的圆满成功。

在上海大学美术学院、中央美术学院、广州美术学院、四川美术学院这四所涵盖中国"东、西、南、北"四个地域的代表性美术院校的老师和同学们的辛勤努力下，在凝结了师生们三个月心血的几十件作品中，我看到了不同作品对于"后世博"概念的不同诠释；看到了每件作品背后的不同设计立场和问题指向；看到了针对不同问题指向的不同解决方案；看到了呈现不同设计方案的风格各异的表达效果；更通过作品看到了同学们即将迈入社会的跃跃欲试，和老师们在教学岗位上认真踏实的研究探索。

2009年，联合毕业设计教学开始构想和实验，播下富含养分、颗粒饱满的"种子"；2010年，联合毕业设计教学经历调整和完善，最终大家看到了今日的鲜花怒放；一件事情做过三年就意味着成熟，我们期待着，2011年联合毕业设计教学呈献给大家的累累硕果。

上海大学美术学院执行院长

汪大伟

2010年9月12日

中央美术学院建筑学院院长

吕品晶

2010年6月

城市化进程对于中国来说，无疑是关乎发展的重大运动。此"运动"的突出表征，显然是"建筑密集"之超常空间，以及"场域营造"之超常时间。"城市化"离我们（艺术院校设计专业）尚有不小的距离，因而它更多呈现为（我们的）背景、参照以及需连接的母体，而非直接的工作内容；城市化并非"产品"，它不具备以"批量、标准"等要素从无到有地"生产"。在此（城市化）进程中，我们（艺术院校设计专业）更多的是借助其"自组织"逻辑，顺应其"自生长"特性，提取其"自发展"价值，而这一切需经由（城市）细胞"单体"向复数以上的"多体"繁衍和催生的过程。

"艺术介入空间"，闪现着当下建筑主客体关系间交织并快速生长的积极介质。这类"介质"曾高强度、大面积地宣示过文艺复兴的灿烂，亦曾艰难但有效地辅佐过现代主义中"形式与功能"的有益相持。现时，在高技术与高情感交互共生的条件下，更需"多元与多维"的艺术介入，来扩展不仅止于建筑的"空间"的广义性。积极地实践"艺术介入空间"的相关活动，以严谨的程序、多维的演绎、发散的理念以及广泛的关照，呈现建筑界面的别致与友好，诠释空间场域的别样与多元，这是当下设计价值蜕变的有益途径。

广州美术学院副院长

赵健

2010年9月12日

从"走近798"到"10×5再构院中院"再到本次"后世博四校联合毕业设计营"，国内高校建筑专业的联合教学模式已获各方肯定。本次活动中，来自东南西北的四院校师生又进行了一次教学特色、地域文化的激情碰撞，设计营成为相互学习、展现特质的精彩舞台。

世博会上游人如织，建筑师的目光已投射到喧嚣之后，"后世博"的选题体现出强烈的时效性与建筑师的社会责任感，这个选题给毕业在即的未来建筑师们补上了重要一课。

联合教学令学生受益良多，四川美术学院希望能与各院校加强合作，共同推动这一模式的常态化，使校际学习交流的形式和内容更加丰富。

四川美术学院常务副院长

罗力

2010年9月15日

研讨会现场实录

"后世博"——"2010四校联合毕业设计营"项目策划书

- 10~11 顾问团队
- 12~15 教师团队
- 16 学生团队
- 17~21 教学论文
- 22~26 项目策划书
- 27~31 教师提名奖

32～38 中期评图花絮 ■

39～83 中期评图记录 ■

84～93 结营仪式 ■

94～248 学生作品 ■

249～260 教学研讨会实录 ■

顾问团队

上海大学美术学院党委书记、执行院长，教授、博士生导师。
上海大学公共艺术技术实验教学中心主任。
教育部高等学校艺术类专业教学指导委员会理事。
上海市第六届文联委员。
上海市美术家协会副主席。
上海市科学技术协会委员。
上海市科学与艺术协会副理事长。
上海艺术博览会艺术委员会委员。
上海地铁建设环境艺术委员会委员。
曾获上海市教学成果一等奖、二等奖、上海市优秀教材一等奖等奖项。
获上海市教学名师称号、宝钢育才奖等奖项。

■ 汪大伟

广州美术学院副院长、教授、硕士生导师。
广州美术学院学术委员会副主任。
中国美术家协会环艺设计委员会委员。
中国美术家协会平面设计委员会委员。
中国工业设计协会室内设计委员会副主任。
中国工业设计协会常务理事。
广州市政府城市规划与设计咨询专家组成员。
中国建筑学会室内设计分会常务理事。
十多所大学的名誉教授。
美国华盛顿州柏林翰市荣誉市民。
1997年亚洲基础造型学会执行主席。

■ 赵健

教授、国家一级注册建筑师。
1987、1990年毕业于同济大学建筑与城市规划学院建筑学专业，获工学学士、硕士学位。
1990年开始，先后在北京市建筑设计研究院、建设部建筑设计研究院等设计机构从事建筑设计实践多年。
1997年调入中央美术学院从事建筑教学和研究工作，先后任设计系副主任、设计学院副院长、建筑学院副院长等职。
2005年入选教育部新世纪优秀人才支持计划。
2007～2008年荷兰代尔夫特技术大学建筑学院访问学者。
现任中央美术学院建筑学院院长、中央美术学院学术委员会常务委员、学位委员会委员、建筑学科组组长。

■ 吕品晶

罗 力

四川美术学院常务副院长、教授、硕士生导师。现为享受国务院特殊津贴专家、重庆工业设计协会理事长、中国美术家协会平面设计艺委会委员、中国工程图学学会第五届数字媒体专业委员会委员、中国建筑学会室内设计分会专家委员会委员、重庆市文学艺术界联合会第二届委员会委员等。

教师团队

王海松

上海大学美术学院建筑系主任、教授、博士。
1967年出生。现任上海大学美术学院学术委员会委员,《华中建筑》《城乡建筑》编委,《建筑师》杂志理事。曾任"2006、2008年上海双年展国际学生展"评奖委员会委员,获"2006年度上海市优秀文艺人才奖"。
国家一级注册建筑师。

傅祎

现为中央美术学院副教授、建筑学院副院长、第十工作室责任导师;中国建筑学会室内建筑分会陈设艺术委员会委员;IFI国际室内建筑师／设计师联盟会员。
1991年毕业于同济大学建筑与城市规划学院建筑系,获建筑工学士学位;1996年毕业于中央工艺美术学院环境艺术研究所,获艺术设计硕士学位;1999～2000年公派西班牙马德里大学美术学院做访问学者。
曾获"北京市高等教育教学成果奖"二等奖、"北京市杰出中青年建筑装饰设计师奖"、中国建筑学会室内设计分会"CIID20年杰出设计师奖",多篇论文获中国美术家协会颁发的优秀论文奖,多项设计作品入选第十届、第十一届全国美展。

杨岩

广州美术学院建筑与环境艺术设计系主任、副教授;
高级环境艺术设计师;
高级室内建筑师;
广东省装饰行业协会专家成员;
《装饰》DECO会刊专家编委委员;
广州新电视塔专家咨询组成员;
《人民日报》广州房地产羊城八景专家评委成员;
2006年"金羊奖"羊城十大设计师;
"07毕业设计营"策划人;
多年来从事教学、科研和系学术主持与教学管理教改研究工作。

■ 黄耘

四川美术学院建筑艺术系主任、副教授、硕士生导师。重庆市中青年骨干教师、重庆市学科带头人后备人选，重庆市政府规划委员会专家组成员。

■ 谢建军

上海大学美术学院建筑系副教授、硕士生导师。同济大学建筑与城市规划学院博士。世界华人建筑师协会会员、中国当代建筑论坛成员。主要从事建筑设计、历史建筑及艺术设计等方面的研究。出版有《解析建筑》《向大师学习——建筑师评建筑师》等译作。编写专著《局限—突破—释放空间》，参编美术高等院校教材《建筑概论》，在各类期刊发表论文10余篇。

■ 六角鬼丈

1941年出生于东京；
1965年东京艺术大学美术学部建筑科毕业，进入矶崎新工作室；
1969年开设六角鬼丈建筑事务所；
1991年任东京艺术大学美术学部建筑科教授；
2000年任中国清华大学美术学院客座教授；
2004年任东京艺术大学美术学部部长；
2009年任中国清华大学美术学院客座教授；
代表作品有："杂创的森林学园"、"东京武道馆"、"立山博物馆"、"曼陀罗游苑"、"感觉美术馆"、"东京艺术大学美术馆（取手馆、上野馆）"等。

■ 戎安

中央美术学院建筑学院教授、博士、硕士生导师；
中央美术学院建筑学院城市研究所所长；
中央美术学院建筑学院城市规划专业学科负责人；
住房和城乡建设部城市规划学会理事，全国高校城市规划专业指导委员会委员（第二届）；
首都规划建设委员会北京城市规划学会常务理事；
北京市高等教育委员会高校园区规划设计审查专家组成员；
中国生态学会城市生态专业委员会委员；
中国自然辩证法研究会易学与科学委员会委员。

■ 丁圆

中央美术学院建筑学院景观教研室主任、副教授、硕士生导师；
博士、博士后（日本三重大学）；
先后在日本建筑学会、中国科学技术协会、建筑创作等中外机构学术期刊杂志发表学术论文30余篇，主编《景观设计概论》《滨水景观设计》（高等教育出版社），参与编著人民美术出版社的百科全书—建筑篇等。曾获日本建筑学会、日本建筑士学会福井支部、中国科学技术协会、北京奥组委等颁发的多项设计奖和优秀论文奖。

■ 李勇

四川美术学院建筑艺术系建筑教研室主任、副教授、硕士生导师，国家一级注册建筑师。

广州美术学院建筑与环境艺术设计系教师；
2002年毕业于广州美术学院建筑与环境艺术设计系，获学士学位；
2006年毕业于广州美术学院建筑与环境艺术设计系，获硕士学位；
同年留校任教于广州美术学院建筑与环境艺术设计系；
2007年赴意大利、法国、德国交流学习。致力于人机界面以及商业空间设计的研究与实践。

■ 陈瀚

广州美术学院建筑与环境艺术设计系讲师；
2008年中国室内设计双年展铜奖；
2008年清华大学光华一等奖学金；
2008年美国麻省理工、英国剑桥、中国清华大学 – 低碳能源大学联盟标志设计三等奖；
2007年清华大学优良毕业生；
2007年中国环境艺术设计学年奖优秀奖。

■ 何夏昀

四川美术学院建筑艺术系讲师。著作有《建筑及环艺设计表现》《重庆濯水古镇规划、建筑、景观设计》等。

■ 王平妤

学生团队

■ 中央美术学院四校联合设计营

杨 晨　杜 杰　马铁根　杨茂栋（助教）　黄 奕（助教）　成旺蛰　曹晓飞　孙 超　王硕志　周 阳（班长）　王斐然　于文卿　李 琳　徐迥行　王艺桥　卢俊卿

■ 上海大学美术学院四校联合设计营

王 臣　黄 伟　赵冠一　吴 昊　王清晨　李洁君　胡 娴　章 瑾　章昕宇　潘嘉伟　葛 亮　黄 寅　陈 婧　胡精恩　张锦花　严晓奇　忻 锴　鞠黎舟（助教）

■ 四川美术学院四校联合设计营

陈卫红　陈志坤　杜 秋　苟 红　和亚贞　胡 晓　江 哲　金思寰　李 鹏　李正江　卢燕武　谭敬之　杨 勇　周 涛　张家龙

■ 广州美术学院四校联合设计营

黎振威　卢继洲　朱海峰　刘 阳　肖 晓　陈文翀　何丽婷　陈杰文　廖铭洪　陈永伦　郭韵明　郑景文　郭晓丹　邝子颖　陈巧红　赵子刚　李东辉　徐凌子

教学论文

解读"后世博"——来自"四校联合设计营"的思考

摘要：由上海大学美术学院建筑系、中央美术学院建筑学院、四川美术学院建筑艺术系、广州美术学院建筑与环境艺术设计系联合主办的"四校联合设计营"以"后世博"为主题，对2010上海世博会与城市后续发展的关系提出了探讨。

关键词："后世博"，四校联合设计营

Abstract:
The Workshop of 4 Academy of Fine Arts (SHU, CAFA, GAFA & SAFA) focused on the theme of Post-Expo, which related with the sustainable development of city Shanghai.

Key Words: Post-Expo, Workshop of 4 Academy of Fine Arts

世博会来了，全上海人民期待了七年、全中国人民期待了近一个世纪的"2010中国上海世博会"开幕了。世博会对城市来说是一场盛会，它将在展览持续的半年里吸引全世界人的目光，接纳来自各地的近7000万名参观者。2010上海世博会还是史上参展成员数量最多的一届世博会，吸引了全球200多个国家和国际组织参展。

世博会在给全世界人们带来一场"盛宴"之后，会给其所举办城市留下什么呢？从历届世博会举办的历史来看，有推动城市发展、引领区域经济成长的成功例子，也有惨淡收场、背负重债的失败案例。如1962年美国西雅图世博会带动了旧城区的改造，1967年蒙特利尔世博会开创了紧凑城市的发展道路，1988年里斯本世博会促进了塔霍河岸3.4km^{2}土地的更新，1992年塞维利亚世博会促进了对卡图哈岛的开发；同样，也有诸如1984年的美国新奥尔良世博会，因陷于亏损而不得不提前一个月闭幕的例子。

出于对上海世博会与城市后续发展问题的思考，我们将"后世博"主题引入了由上海大学美术学院建筑系、中央美术学院建筑学院、四川美术学院建筑艺术系、广州美术学院建筑与环境艺术设计系联合主办的"四校联合设计营"，探讨"后世博"主题的演绎，并对世博园区的建筑、场地、设施的后续利用展开"实验性"的设计。

在世博会举办期间，展开对"后世博"的研究，是一件很有意义的事情。那么，究竟如何理解"后世博"？怎样看待世博后的城市发展？就以上的议题，四校的指导教师展开了有趣的讨论。当然，教师们的探讨首先集中于对本届"世博会"的解读。

杨岩（广州美术学院建筑与环境艺术设计系主任）：历届世博会都会给人类留下许多思考的精华，促进人类社会的发展。本届世博会以"城市，让生活更美好"为主题，引导人们重新认识城市、思考城市和设计城市，并告诉我们：城市财富不是单方面用生产资料与货币或不动产所囊括的城市金钱资本，也不是单方面用物质或非物质形式所涵盖的城市文化资产，而是两者的集合。一个城市，如果形成了为世人所认同的生活价值，就真正拥有了属于它的财富，这对每一位设计从业人是一种全新的启发。

丁圆（中央美术学院建筑学院副教授、景观教研室主任）：世界博览会是人类科学技术与社会生存价值观念的集中展示，体现了工业文明带来的丰硕成果和文化精髓。2010年上海世界博览会第一次以城市生活为主题，探讨人类文明发展与自然环境共生融合的关系。

六角鬼丈（中央美术学院建筑学院教授）：至今，在世界各地举办的世博会中，人们均以此为契机规划新的城市中心和展现新技术成果，例如，巴黎世博会的新技术建筑和蒙特利尔世博会的富勒网格穹顶的空间技术。突出新技术，畅想人类的未来，成为世博会的一种趋势。上海世博会会场紧邻城市中心部，位于造船厂和钢铁工厂的旧址上，且位于黄浦江边上，其地理位置和景观上都有别于其他世博会选址。

戎安（中央美术学院建筑学院教授）："世博"是人类科技进步和智慧结晶的展示舞台，是各民族文化和各国文明水准集中的艺术展现窗口，是"地球村"里一个重大的"城市事件"。

"2010上海世博"是中国人百年圆梦的场所。它提醒人类要关注城市的健康发展和城市发展将成为未来人类进步的关键,它倡导人类要珍惜地球、关爱生命、万物共生的和谐与福祉发展观。

表达了对世博会精神及内涵的理解以后,教师们纷纷展开了对"后世博"概念的诠释和探讨。一部分教师流露了对"后世博"城市发展的隐忧,认为由于"世博会"这一强势事件的介入,给城市后续发展带来了很多不确定性:

陈瀚(广州美术学院建筑与环境艺术设计系教师):"我们从哪里来?我们是谁?我们往哪里去?"1897年高更的作品高度概括着人类对"发展"的思考。从1851年水晶宫世博会到2010年上海世博会,世博会的肇因在于人类对其能力的审视及骄傲。伴随着世博会的举行,"后世博"课题在思考人类的能力带来的矛盾性:一方面是科技发展的"无限",另一方面是自然资源的"有限";一方面是追求极致高效的资本运作带来"均质化"的价值体系,另一方面为人类居住活力对文化"多样性"的需求;一方面是技术所建构的事物的庞大以及垄断,另一方面是人类个体的独立性及尊严。

丁圆(中央美术学院建筑学院副教授、景观教研室主任):纵观世博的发展史,历届大型世博会的主体性强势介入,都会割裂既有的城市环境与地域固有文脉的自然延承。瞬间形式风格的转换,正如全球化对地域特性的侵蚀一样,新旧两种异样文脉的对撞,既带来了城市发展的阵痛,也带了城市新陈代谢的机遇和挑战。"后世博"更需要我们研讨城市固有文脉与世博新价值观的对接和融合。世博不应成为城市发展历程的一个简单插曲,也不应成为随着时间的推移而消亡的一处城市残存印迹,而是应作为城市发展的动力和新价值观体现的标杆。

六角鬼丈(中央美术学院建筑学院教授):上海世博会以科学和技术作为主题,是聚集了当今世界顶级的睿智和产品的一流盛会。但是,人们期待的却是更大的经济效益。世博会后,也许会涌入大量的企业投资,基地及周边会变成高密度的新城市中心区域。经济效益固然很重要,但是今后应该重视地球范围内的环境污染治理,运用科学的力量改善环境,运用艺术的力量关爱儿童和老年人。

黄耘(四川美术学院建筑艺术系主任):就世博地块的发展而言,"后世博"概念可能有两个价值取向:一是"世博之后"概念,空间形态直接与介入资本的形态关联,"世博"只是资本增值的部分;第二个概念类似"后现代"的意思,这种主张反对以各种固有的或者是既定的理念,来界定"世博"地块的形态。

尽管对"后世博"的城市发展有担忧,但是几乎所有教师都对富有活力的"后世博"前景充满了期望,认为"后世博"应该是世博观念的延续,其相关地块和城市的发展将是丰富多彩的。

何夏昀(广州美术学院建筑与环境艺术设计系教师):如果将世博比作一场城市会展的视觉盛宴,"后世博"则是热闹过后的日常生活回归;但是,如果将世博比作一场关于城市与生活的集体反思,那么,"后世博"将是意识交流与碰撞后的重新起航。因此,对于"后世博"的理解是基于"世博"之上的,而不仅仅是时间先后的变化,也不应该马上落入如何再利用五平方公里展场、百余座展馆的具体问题中,而是应该对上海世博会主题理念进行一次延续性的设计思考,让上海世博的美好记忆与智慧闪光固化于场地之中,使"前"世博区域在"后"世博时期成为城市美好生活的物质载体与鲜活典范。

李勇(四川美术学院建筑艺术系副教授):目前,在各个领域关于"多姿多彩"的世博的思考已经是百花齐放、缤纷异常。而关于"落花流水"的后世博的思考也正在引起各方人士的关注。不管从时间概念上还是空间概念上,"后世博"相对于"世博"来说对城市和人的影响都更深远。我们不光要讨论"后世博"对城市时代特征的影响,也要讨论地域特征在世博精神方面的延续,同时还要讨论"后世博"在城市化语境下的人性关怀。对于一个城市或一群城市中的人来说,不仅需要一个"多姿多彩"的世博,更需要一个"花落余香"的"后世博"。

六角鬼丈(中央美术学院建筑学院教授):如果借世博会的契机,大力净化河水,改善水环境状况,使得河流不仅仅服务于物流航运,而是成为安慰和纯净人们心灵,美化城市生活的场所,尽管需要花费很长时间,让河流回归自然,让人类回归自然,但也许将应该成为后世博的一个重要的目标。

戎安(中央美术学院建筑学院教授):"后世博"命题提醒我们不但要关注"世博",更要关注"世博后"的未来,关注世博会集中涌现的新观念、新科技的持续影响力,关注被"事件"临时"租借"的上海世博园地如何能更加完美地归还城市和为人们创造更加美好的生活。

杨岩(广州美术学院建筑与环境艺术设计系主任):城市空间环境承载着人对自然天生的依恋,生活中对自然环境的向往以及审美上对于自然元素的渴望;城市空间结构体现着人与人、人与群体以及群体之间的关联性与制约性;城市空间意象满足着人及人群所特有的意识活动和精神需求,城市发展的最终目的是积累并传承属于城市的财富。

解读"后世博"是本次"四校联合设计营"的主题,也给四校的师生提供了思考城市、思考特殊"城市事件"与设计关系的机会。正如设计营的一位指导教师所说,有关"后世博"的思考会是一次"美丽的破茧"。

谢建军(上海大学美术学院建筑系副教授):"后世博"意味着碰撞、交流、破茧……围绕"城市,让生活更美好"这个世博会期间及之后都要不断思考的命题,四院校的学生们各展所长,演绎出千姿百态的创意,其中不乏大胆、激进、妙趣横生的想法。集中笔墨"小"题"大"做,才能使作品呈现厚积薄发的力道。相信同学们通过发现、求证、精炼、升华,会完成"后世博"设计的美丽破茧。

中期评图四川美术学院站花絮

"后世博"——"2010四校联合毕业设计营"项目策划书

背景介绍

2010上海世博会开幕在即，本届世博会的主题是"城市，让生活更美好"。那么，世博会将给这个城市留下什么呢？谢幕后的世博场馆、设施将何去何从呢？显然，能否做到对世博场馆、设施的可持续利用，将是衡量世博会是否真正成功的一个重要因素。世博园区5.28km^{2}的土地上共建设了230万m^{2}的建筑，其中有1/6是旧建筑整修及再利用，一部分建筑将被永久保留。以可持续发展理念去研究"后世博"的再利用课题是本次毕业设计的主旨。以"后世博"为切入点，我们的观点可以是全方位的：

"世博会"是城市的负担？
"后世博"是城市空间的再开发？
向"世博会"学习？
"后世博"要保留新的"万国建筑博览会"？
"后世博"的再回收(土地、建筑、材料)如何展开？
……

围绕对"后世博"的思考，我们的研究对象可以是世博园区的场地、建筑、公园或某些局部，我们的手法可以是拆、留、移或改造……我们的努力是为了让"后世博"的城市很和谐，"后世博"的生活很美好。

此次"四校联合毕业设计营"由中央美术学院、上海大学美术学院、广州美术学院、四川美术学院四校联合主办，以"后世博"为主题，探讨2010年上海世博会以后的城市发展可能性与再利用的策略。四所院校正好涵盖了我国"东、南、西、北"地区的代表性美术院校，是一次学校之间展示差异、促进交流的机会。

参展团队

上海大学美术学院建筑系学生15人左右（指导教师：王海松、谢建军）
中央美术学院建筑学院学生15人左右（指导教师：戎安、丁圆、六角鬼丈）
广州美术学院建筑与环境艺术设计系学生15人左右（指导教师：杨岩、陈瀚、何夏昀）
四川美术学院建筑艺术系学生15人左右（指导教师：黄耘、李勇、王平妤）

研讨会专家名单

林学明（广州集美组室内设计工程有限公司总裁）
彭　军（天津美术学院设计学院副院长、环艺系主任、教授）
苏　丹（清华大学美术学院环艺主任、教授）
支文军（《时代建筑》主编、同济大学建筑与城市规划学院教授）
吴广陵（《新建筑》编辑）
王海松（上海大学美术学院建筑系主任、教授）
朱邦范（上海城建设计院建筑分院院长、总建筑师）
杨　岩（广州美术学院建筑与环境艺术设计系主任）
黄　耘（四川美术学院建筑艺术系主任）
傅　祎（中央美术学院建筑学院副院长）
马克辛（鲁迅美术学院环境艺术系主任、教授）
吴　昊（西安美术学院建筑及环境艺术系主任、教授）
李　勇（四川美术学院建筑艺术系教授）
戎　安（中央美术学院建筑学院教授）
丁　圆（中央美术学院建筑学院副教授）
谢建军（上海大学美术学院建筑系副教授）
哈　凌（上海大学美术学院建筑系兼职老师）
陈　瀚（广州美术学院建筑与环境艺术设计系教师）
何夏昀（广州美术学院建筑与环境艺术设计系教师）
王平妤（四川美术学院建筑艺术系讲师）

主办院校
上海大学美术学院、中央美术学院、广州美术学院、四川美术学院

协办单位
中国建筑工业出版社

承办单位
上海大学美术学院、中泰照明集团

媒体支持
《新建筑》、《公共艺术》、《时代建筑》、《建筑创作》、《设计新潮》、视觉同盟、景观设计网、搜房网

地点
上海市番禺路58号Z58

顾问团队
汪大伟　谭平　吕品晶　赵健　罗力
郝大鹏

公开毕业答辩时间
2010年6月6日9：00～16：00

地点
Z58（4楼会议室）

出席人员
上海大学全体参展同学、毕业答辩评委

主持人
王海松教授

展览日期
2010年6月5日至2010年6月11日

开幕式时间
2010年6月5日10：00～11：30

出席人员
2010四校联合毕业设计营全体师生、四校领导、专家、嘉宾、媒体等

地点
Z58（1楼大厅）

内容
1. 领导、嘉宾发言
2. 教师提名奖揭晓，并由教师发表评语
3. 宣布展览开幕

主持人
王海松教授

第一次研讨会时间
2010年6月5日13：00～14：45

地点
Z58（4楼会议室）

出席人员
专家、教师、学生

内容
中泰照明集团邀请的设计师讲座

第二次研讨会时间
2010年6月5日14：00～18：30

地点
Z58（4楼会议室）

出席人员
研讨会专家、嘉宾

内容
"后世博"主题研讨

基地一:"宝钢大舞台"世博后再利用(原上钢三厂特钢车间的部分厂房)世博前——特钢车间

原上钢三厂已弃用的特钢车间,位于上海市浦东新区浦明路北侧,卢浦大桥以东,在世博公园的腹地。原特钢车间由 8660m² 的主厂房(1号)和 2540m² 的连铸车间(2号)两部分组成,均为单层厂房。其中主厂房为钢结构排架结构;连铸车间为混凝土排架结构。主厂房 2000 年建造,投入使用 8 年,连铸车间 1987 年建造,主厂房高度约 24m,连铸车间高度约 30m。

课题现状

该项目改建利用的特钢车间由东西向主厂房和南北向连铸车间两部分组成。主厂房于 2000 年建造,钢结构梁柱排架结构,建筑面积 8660m²;连铸车间于 1987 年建造,混凝土柱钢排架结构,建筑面积 2540m²。

课题目标

宝钢大舞台由原有上钢三厂特钢车间的部分厂房改建而成,是一座 3000 人规模的"开敞景观式观演场所"。作为滨江公园的配套设施,在世博会期间将为包括各参展国国家馆日、各省市馆馆日、各主题馆开馆日庆典,以及上海城市特色"天天演"活动等在内的各类群众性综合演出提供场所。

宝钢大舞台在世博后将以何种功能和面貌融入社区及城市生活,是这次改造设计探讨的目标。

课题意义

旧工业建筑再利用必须站在城市规划角度进行设计,不能只单纯保留有价值的单幢历史建筑而忽略地块。通过制订积极、可持续的再利用策略,完成"宝钢大舞台"在世博会后的华丽转身。

基地一图片资料

基地二：世博之门——白莲泾地块综合改造再利用（世博园区 B 片区白莲泾地块）

基地位置

基地（31°11′36″N，121°29′45″E）北面为黄浦江，东面紧邻白莲泾，位于世博园区的 B 片区。基地周长约为 1200m，面积约为 85000m²。它在世博会期间承担了一个园区入口广场的功能，具体来说，还有停车场、卫生间、检票、高架步道入口的功能，而这些功能大多数具有为世博会服务的单一性。

改造目标

基地在世博会期间规划的建筑量较少，且在世博后基本会被拆除。在世博结束后面临功能更新的问题时，根据上层规划及整个世博园区远期定位分析，本基地新建旅游文化建筑或建成新的滨河城市开放空间是较为合理的选择。

设计内容

作为世博会主要入口引导区之一，白莲泾地块的规划功能、场地空间尺度完全是围绕世博会人流集散及必要交通、休闲设施展开的。世博会结束之后这种场地的空间尺度将会由于人流量的剧减而面临二次设计，进而融入城市生活的问题。正因如此，从用途转换、新功能、新空间的植入方面着眼，其设计将具有广阔的思考空间。

基地二图片资料

基地三：世博轴东南侧区域可持续性再开发

基地位置

本项目位于中国 2010 年上海世博会规划区核心区，世博轴东南侧，原收费检票口所在地，紧邻巴士停车场。范围北侧为中国馆及一缓冲区域，南侧有轨道交通 7 号线、轨道交通 8 号线站点。东西两侧各有一规划前所保留的协调居住区。

设计范围

设计控制范围为由上南路、耀华路、雪野路及一新建规划路围合的梯形街区内。基地总面积 32357m^2。

设计目标

优化土地利用—协同周边居住区及开放空间形成完整的 TOD 结构；优化交通策略—协调轨道交通出口与其他交通工具的换乘；优化城市形态—形成多层的叠加结构及连续的街道环境；优化区域价值—利用轨道交通的区域效应发挥空间经济及文化价值。

结合轨道交通 7 号线与 8 号线，设计必须基于多样化的出行模式，满足不同人群的出行需求；同时整合各种地面地下交通体系。二次设计须形成连续的街道环境，与世博轴建立合理的承接关系，同时在垂直方向上进行包括交通、商业、文化、景观等复合的空间处理，有利于辨认方向和城市合理发展。

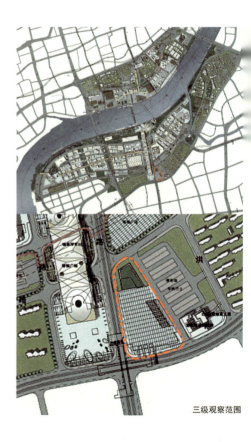

基地三图片资料

三级观察范围

教师提名奖

提名奖——"废墟中的废墟"

作者：四川美术学院建筑艺术系 周涛

评语：

  在日新月异的现实生活中，我们注意到这样一个事实，建筑的寿命（使用年限）往往较其原来的使用功能年限长。也就是说在一个建筑的整个生命周期中，它可能在不同的时期容纳不同的使用功能。

  作为上钢三厂中的厂房（世博期间的宝钢大舞台），由于它特定的地域环境和特定的建筑空间形式，在世博前、世博中和世博后，命中注定它要扮演不同的功能角色。

  周涛同学的方案较好地演绎了这个厂房建筑的生命轨迹，让这个厂房建筑在世博后同样能在浦江边上扮演一个合适的角色（较小规模的创意产业中心）。同时在这个角色的扮演过程中让人们能够看到并感受到它的前世今生。该方案在设计的表达中，特意让建筑的生命时间轴与世博的事件时间轴交织在一起。从而很好地表达了建筑的生命周期现象。

  "废墟中的废墟"这一命题很贴切地表达了这一关于时间的建筑的生命演进，从室内上来说，上钢三厂的这个厂房是上海的废墟，宝钢大舞台是世博的废墟，从时间上来看，世博前和世博后这两个节点上，这个建筑正处于一个废墟的状态，一个脱茧变蚕的状态。

  再有，该方案引入"建筑消隐"的概念，是以建筑的规模的消退来体现建筑的地域化演变。这一做法具有一定的创新性。作为一个"后世博"的研究，这个作业不失为一个好的探索。

李勇老师点评

——李勇（四川美术学院建筑艺术系）

提名奖——"Fun City"

作者：广州美术学院建筑与环境艺术设计系 郭晓丹 邝子颖 陈巧红

评语：

广州美术学院郭晓丹、邝子颖、陈巧红三位同学合作的作品题目叫"Fun City"，是对宝钢大舞台的改造探索。意在营造一种颠覆性的空间体系，将封闭空间转换成开放的全民体验场所，强调故事性的延续，提供全新的生活体验。

方案极为关注人们的生活状态，在繁忙沉重的当代生活中，为大众找回"Fun City"的享受。通过对原有工业厂房大型钢架的保留、利用和延伸扩展，对空间、情境的错位、叠加，来造就极富娱乐性的空间，并用小电车的观览模式贯穿整个空间，创造多视角、多维度的体验效果，营造出多元素互动的"娱乐圈"。

谢建军老师点评 ■

——谢建军(上海大学美术学院建筑系)

提名奖——"自然更替"

作者：中央美术学院建筑学院 卢俊卿

评语：

中央美术学院卢俊卿同学的作品题目叫"自然更替"。以变迁的视角来观察世界，对处在既是城市中心，又是滨水地带的结点进行思考。所选基地是江南造船厂保留下来的船坞，世博会期间用作青少年畅想的主题剧场，空间被完整保留。

作者着眼于回答"景观限定人的行为，还是人的行为造就景观？"这个命题。在经济角度、文化角度之外，对地块进行自然角度的评估。并希望使用者自己创造景观，生成"移动式"风景线。场地由于城市活动的变更，基地功能随之生变，随着人类活动的改变，时间因素的叠加，生态系统随之建立。"变"字贯穿全局是该方案的主题。

—— 杨岩（广州美术学院建筑与环境艺术设计系）

杨岩老师点评

提名奖——"后世博——宝钢大舞台再利用设计"

作者：上海大学美术学院建筑系 章瑾

评语：

宝钢大舞台的前身是一个工业建筑，在世博会期间用作了展览建筑，世博后通过巧妙的新元素植入，把它改造成一个游乐场，其中体现的是对建筑命运的思考。

章瑾同学的方案紧紧扣住了这个主题：就是对建筑命运合理延续、科学转型的研究。"游乐场"将柔情的、美好的、浪漫的元素注入生命枯竭的工业空间，对历史结构和新的元素进行了叠加。过去的、现时的、未来的信息三位一体，建筑在新的时空中，在新功能的催化下焕发出更加持久的生命力。

—— 丁圆（中央美术学院建筑学院）

丁圆老师点评 ■

■ 2010年3月11日下午一时,北京中央美术学院建筑系的16位毕业生同学,在上海大学美术学院建筑系会议室就"后世博——四校建筑系联合毕业设计"与上海大学美术学院建筑系的学生、老师进行了学术上的交流。建筑系主任王海松教授、建筑系副教授谢建军老师一同主持了此次的交流会议。

在交流前,王海松教授首先对16位同学的到来表示欢迎,预祝此次调研成功,同时对"后世博——四校建筑系联合毕业设计"寄予了期望与肯定。副教授谢建军老师在交流中与同学们就专业问题展开了热烈讨论。最后两校师生合影留念。此次交流圆满成功。

■ 中期评图上海大学站合影

中期评图花絮

■ 中期评图中央美术学院站合影

■ 中期评图广州美术学院站花絮1

■ 中期评图广州美术学院站花絮2

■ 中期评图四川美术学院站花絮1

中期评图中央美术学院站花絮 1 ■

中期评图中央美术学院站花絮 2 ■

中期评图上海大学站花絮 1 ■

■ 中期评图四川美术学院站花絮2

■ 中期评图广州美术学院站花絮3

■ 中期评图四川美术学院站花絮3

中期评图记录

中期评图（中央美术学院站）

主　题：2010四校联合毕业设计（后世博课题）中期评图（中央美术学院站）
时　间：2010年4月19日下午
地　点：中央美术学院7号楼B112
主持人：傅祎

主持人：首先我代表中央美术学院欢迎参加四校联合毕业设计教学的、来自兄弟院校的老师们！这次的2010四校联合毕业设计教学，是去年的中央美术学院、广州美术学院、上海大学美术学院三校联合毕业设计营项目的延续。今年加入了西部地区的四川美术学院，北京、上海、广州和重庆四座城市占据了中国东西南北的四所美术院校，一起联合做毕业设计课题很有意义。而课题的"后世博"概念非常有意思，也跟当下的形势结合紧密，再过两天世博会就要开了，而我们的同学马上就开始着手研究世博开过以后，世博场地利用的各种可能了。

今天来参加中期评图的有上海大学美术学院的王海松教授、谢建军教授；四川美术学院的黄耘教授、李勇教授；广州美术学院的陈瀚老师和何夏昀老师；中央美术学院的戎安教授、六角鬼丈教授和丁圆教授。中央美术学院参加此次联合教学的学生一共有15位，分别来自刚才介绍的三位中央美术学院教授的工作室：戎安老师这边是八位同学，六角老师那边是三位同学，丁圆老师那边是四位同学。

今天的中期评图的程序是这样安排的：我们分为上下两场，上半场主要是戎安老师的学生，分两组，每组同学介绍之后，老师们有一个点评。下半场也分两组，前一组是丁圆老师的学生，后一组是六角老师的学生。每位同学把提案时间控制在五分钟，多留一点时间给我们老师作点评，因为很难得来自四所学校的老师抽出时间，聚到这里，来给各位的方案提出建议，所以请同学们控制好方案介绍的时间。

第一组：

戎安：同学们对背景作一个研究，在这个研究的基础上，我们组织了两个教授工作室的互动，在互动之后我们组织学生到上海进行实地考察和上海大学的老师一起对这几个课题进行初步的研究，之后他们在考察的基础上回来以后完成调查研究报告和前期的准备工作。到中期检查以前我们要求学生作前期研究和做到一草的深度，大概在中期检查之前达到这样的目的。

汇报的时候有一个前期的综合性研究，有一个同学把整个组的情况汇报一下，实际上是总体的劳动成果，每一个同学再切入主题汇报一下。

主持人：此次联合毕业设计的课题是由上海大学美术学院提出的，同学们对世博历史和上海世博作了详细的调研，也提出了自己的设计意向，下面先请上海大学美术学院建筑系主任王海松教授提些建议。

王海松：四个同学我觉得讲得都非常好，首先对于世博会的理解，对于园区的理解我觉得都比较深入。我觉得第一个同学的概念压缩非常有意思，有些东西要留下来的话，我觉得你这个方案对于压缩的东西还可以再思考一下，是不是把空间拿过来进行压缩，我觉得压缩的内容还可以再想一想，其实这个馆就是个压缩。我觉得第四个同学对他是一个参考，他把整个上海作为人体和细胞的关系，但是我觉得里面各个分馆都是一个叠加，你把有形和无形的东西都可以放在这里面，然后你在展示的过程里面都可以叠加，这是一个很好的概念。

第四个同学我觉得他说得有点绕，他本来在讲中间领域和中间地带，中间的东西本来就很难理解，他再叠加的话我就搞不懂，我觉得他绕得比较远。

第二个同学和第三个同学也比较类似，我觉得用流体概括城市的发展是非常像的，我也建议对到底什么是流体要研究一下，是空气，是人流，还是信息流，还是某种行为方式的流动？这种东西抓出来以后，你这个怎么做。第三位同学讲的是联动，你要联什么，怎么动，这个回答出来就很好了，概念很有创意，但是你怎么去解释，而且把你的概念落地，可能第四个同学的作品讲述中我的思路跟不上。

主持人：再请四川美术学院建筑艺术系主任黄耘教授点评。

黄耘：你们从四个角度来介绍你们的想法，我觉得你们做得很优秀，具体来说你们给我的印象是非常深的，他或许是一种空间的解决方案，但是这种解决方案，我想在下一步深入的过程中间，你怎么把当今的世博和世博前共同叠加作为后世博的主题，我觉得四位同学对后世博的理解都需要再加强一下。因此，我的看法是流体有一种理性的柔美在里面，特别是综合的交通方式在空间上的软化，给我的印象是非常好的。因此，你对上海这个城市提出一个很好的建议，从世博的角度通过流体把各个功能空间之间串接起来，我觉得这方面给我的印象挺好，几个结点的联系，最后在形态上面也开始走向一种明显。第三个联动是把世博作为交流中心，提到建筑和建筑之间的联动，这些都挺好，我非常喜欢动感串联。我的问题是这样的，你对于你这个概念跟世博之后还是后世博之间要有一个阐述，这个挺好。如果你是世博之后，它就是一个纯功能的解决，但是我觉得四个同学可以对于后世博的概念加强理解。第四个同学讲的细胞，我非常喜欢他的思维深度，但是我也觉得在表达方面还可以再提炼一下。但是你提出来一个空间分层的概念走向复杂性的问题，这是很好的。但是我的问题是，同样跟场地的解读方面还可以加强，因为这个东西可以放之四海而皆准或者放在更大的城市上面，因此总的来说你们四位同学有自己的特点，而且你们也体现出团队共同的地方，通过空间解构的方式来阐述你们的思想，我觉得这个很好。

后世博大概是什么样的概念，世博会我们思考的是城市、人，而不是地球，有这样几个大的关系在，思考的是细节里面的交流，世博的主题里面也解读得非常清楚，对世博会的解读是非常清楚的。

所以，整个世博，在我的印象当中它强调的是人的活动构成整体的城市状态。在人改造地球，包括形成一个城市的活动状态的时候，体现的是生物的多样性，这个在主题里面也提到过。就是说生物的多样性是保持物种平衡最主要的关键点，文化的多样性同样也是保持城市活力最主要的关键。等于说我们整个城市世博会所提倡的，就是对人文的关怀，对于整个环境保护的思考，对于城市发展带来的文化，包括环境保育等这方面的思考。

但是在我们的设计当中，如果往下延伸的话，给我们提出很好的概念，这个概念本身如何去具体地落到地上，具体地为人最终服务，这是我想说的大的方面。如果说到每个小组小的方面，同样提出一个问题，就是说如何压缩信息，如果在最终体现里面，无论是空间组成还是别的什么，它所呈现提高的是建筑信息，它最终压缩的是什么。因为我们的载体本身是人，我们想通过这个去展示城市文化，尽量简单化地呈现给观众，不是专业的观众看的东西，最终呈现出来如何深入，你可以挖得很深，但是如何呈现出深入浅出，这样概念呈现出来会非常精彩，我觉得这个概念非常好。

对于流体空间，它的定位是后世博的后，怎么样体现我们思考的这个课题是后世博，无论是重新考虑建筑的交通关系，因为流体强调的还是交通关系的问题。无论是人体数量的变化，还是功能的变化，它带来的交通重新定位的问题，最终要落实到使用的层面上去考虑概念如何落地。

第三个是联动，概念里面有强调低碳的方面，我想说低碳它无论在建筑上面，还是在人的行为方面都可以体现，甚至有效的组织建筑各方面的功能它也是低碳，有效地利用每一个因素，它也是低碳的体现，这么多层面的低碳体现，我们深入概念的时候如何作一些摒弃，如何抓一些点，把这个东西很精彩地再绽放出来。

第四个是细胞，概念是比较好的概念，但是跟基地的联系还要再强调一下。

主持人：下面请广州美术学院建筑与环境艺术设计系的陈瀚老师点评。

陈瀚：我觉得中央美术学院给我的印象是整个分析非常到位，从大到小各个主块，整个组做的分析非常到位，每个小组也做得非常精彩。这个课题的本身是后世博的主题，

主持人：可能在座的老师中只有我不是指导老师，所以对整个课题进行的情况并不是特别的熟悉。这次的题目我觉得出得很好——"后世博"的概念，着眼点可大可小，可实可虚，各式各样，所以我特别希望在开始时能听到同学们对"后世博"这个概念的诠释，我好像没有听到令我很有印象的解释。所以我们需要再讨论解读一下"后世博"这个概念：现实中，城市的开发利用和建筑设计是不同形式资本介入的结果，就像世博会和世博场馆的建设，大部分是国家资本投入和政策影响的成果，作为国家形象宣传之用；世博之后进驻这块场地的可能就会是一些开发商这类强势的民间资本，考量更多的可能就是经济回报；我们的同学在做后世博概念设计的时候，也可以798模式为参照：由艺术家积聚起来的小量投资，由下而上自发生成的无规划区域更新。不同的资本形式会导致不同的城市形态，不同的立场会导致不同的设计策略，就会决定你在做课题的时候如何进行设计选择。

此外，我觉得同学们在提案的时候，对于你自己基地选择的范围、大小以及周边的情况、交通和城市界面的关系等基本情况要有所介绍，作为不很了解课题进行情况的我，包括来旁听中期评图的同学，都是很需要知道的背景资料。这是我的建议。

下面还请中央美术学院的丁圆老师作下点评。

丁圆：刚才各位老师都作了点评，我觉得各位老师都说得比较客气，外院来的老师对我们很留情面。作为本校的老师我就提一些问题，好的我就不说了。课题在整个主题概念当中提到了后世博，其实很大程度上可以把它拆分一下，一个是"后"，一个是"世博"。刚才我看到有一张图把整个世博的过程给我们展现了一下，其实从世博的最初到今天来说，从我的了解来看，从我们了解的工业革命开始，我们逐步想展示的是我们的文明和进步，更多的侧重在技术和产品的层面上。

到今天为止，我们可以看到技术的进步是无穷无尽的，但是某种程度上是我们人类逐渐忘记了很多值得我们重视的东西。比如说我们对环境的破坏，我们所造成的二氧化碳对整个地球温室所产生的效应等。所以我们在反思的过程当中，会提出我们是不是可以不要那么舒适，我们稍微辛苦一点，我们多穿两件衣服，然后我们可以节省很多的资源，让我们的社会更加自然，更加的和谐和融合。所以从世博的主题和概念上面来看，我觉得更多地会落实到人和周边的环境，所以在这样一个题目当中，我觉得无论是生成一个概念，还是拿出一个什么样的方式，都应该围绕着这样的主题去展开思索，这个概念似乎是换一个题目多多少少也可以用上，我觉得这个跟我们世博的题目有关联。

第二个核心的点我觉得是"后"，有"前"、有"现在"，那就有"后"或者有"将来"。如果这个基地敞开想，在上海寸土寸金的地方我们还用想吗，我们拿这个地方来比较，它不具备本身的后世博的升值价值。在这个判断过程当中，我觉得就是如何体现价值，价值等于是前，还是等于一个什么东西。所以我觉得在这个判断过程当中，要把价值体系建立在后或者说将来的层面上去加以阐述，这个概念生成会更加有意思，我们怎么做是你们自己的选择问题。

这里面刚才各位老师都提到了压缩和置换的概念，我就拿这个来说，这个概念其实是很有意思的概念，我们压缩的是什么，释放又释放了什么？如果我们拿一个软件RAR来说，它是很简单的置换，如果拿这个来说意义就打了很大的折扣，因为它压缩进来就那么多，释放又那么多，这个过程是一个简单的1+1等于2。所以，落实到作品表达的时候，你是把作品的形式综合到一个建筑体量或者一个区域当中去。我们可能从概念上来说是说得通的，但是我们发觉它的意义就像压缩包一样，五兆压缩成一兆这是一个简单的过程，它的内涵和真正的价值体现出来不多，反映到这个上面来看只是形式，形式的大与小的问题，比如说五百米乘五百米变成了五米乘五米，我们还不如做成一个模型。其他的同学也应该考虑，不是简单地置换，而是附加了某种意义的价值观念，这样出来的东西会更加有内涵和意义。

第二组：

主持人： 第二组同学准备发言。中期成果的提案方式需要PPT，是有要求的吧？第三位同学没有按此要求，拿着个模型比划，其他情况都要靠大家的想象。用模型推进设计是很好的方式，但是不妨碍你在PPT文件上的演示，基本规则一定要遵守。此外，同学们要记住，我们是在所学的专业领域内探讨毕业设计课题，概念想法再浪漫、再抒情，也要落实到专业的内容上。

下面请中央美术学院的六角老师来点评。

六角鬼丈： 老实说最不知所云的一组让我来讲评，有点困惑。这组同学发言之后，可以看出他们都是非常努力的，花了很多工夫在探讨这个课题，以及提出了今后将会面临的问题。但是，具体地该如何解决或是具体的解决方案，现在我们还没有看到。

接下我来给具体地解释一下，刚才第一位同学的"织补"的讲法，我不理解你到底想把什么织补进去。从你刚才的讲解来说，是否是指风向、人流等一些要素。第二个同学讲的是城市和农业的对比，你试图想解释这个事情，但是你理解结构功能的结构图吗？希望你能够建立一个你的项目可以往下进展的结构图，如何把绿地结合在建筑里面。你一下子就拿出刚才的模型图，但是你的这个图是从哪里来的，怎样生成的？还有，下一位同学，你从指纹引发的灵感得出的设计，我不能理解你到底想做什么。你们大家有一个共同点，就是你的这个东西是从哪里来的？要怎么样才能表现出来？你们在设计整个方案的时候，事实上是有个思维步骤的，如果步骤不明晰的话就不知道你们设计的由来。

最后一位同学是非常浪漫和诗意的，好像在叙说一个故事。但是你的想法要怎么结合到课题中来，怎么通过课题来表达你的思想，从你的解说上也没有看出来。我们是建筑学专业，所以至少从我们专业的角度来说，你们可以有理想和梦想，但是最后需要落实到建筑上，通过建筑设计的表现向别人传达。你想怎样向别人传达你的想法，我没有看出来。大家有非常远大的梦想是非常好的，但问题是要怎样实现它。这方面还希望大家在今后多努力。

主持人： 请上海大学美术学院的谢建军老师说一下。

谢建军： 实际上今天听了以后非常有感触，首先是对我自己的感触，我想起几件事情来，很多朋友问过我一个问题，因为我也是"沪漂"一族。所以我在想一个问题，我们世博会是把世界文明、所有的城市科技展示在一起，我们同学才有浪漫收不住脚的罗曼蒂克的反思。所以我观察有三个同学都是在生态上思考，尤其是第二个同学，他的题目叫作大型农家乐，把世博会怎么一步一步回归到像霍华德田园城市的状态。但是我又在想一个问题——城市是怎么出现的？很早以前我们只有农业的时候没有城市，后来开始商品交换有点小市镇，工业发展以后有小城市，后来工业逐渐退出城市。其实第二个同学你的想法很High，也很浪漫。但是现在我们的城市是退二进三，你的蓝图是退三进一了，以后再过一些年农业回来了。但是，日本的六角鬼丈老师提出一个想法，我们的同学现在做到这个程度有点收不住，想得很漂亮。但是怎么回归到专业的范畴中，我们能够以小见大，对你们来讲也不要那么痛苦，要围绕我们建筑的语汇来做这个事情。因为我们带上海大学的学生也遇到同样的问题，尤其在第一个同学身上，你叫"织补城市"，我们的同学叫做"断裂弥合"，就是要回归到以前的空间形态和自然的延伸，因为认为世博会它的空前的扩张尺度感和以前的城市不匹配，所以世博会以后这些这么辉煌壮丽的场馆是为老百姓而立的吗？答案是不是的。但是你可能没有解决问题，看下来最后出来一个形态，从三个因素，从剖面、交通体系肌理得出来你所认为的形，但是这个形里面是什么功能没有交代清楚，没有交代清楚功能的形我们认为是虚的形，你们还没有回到自己的老本行上来。

我认为回归到大型的农家乐和回归到农业，这非常好。但是这是人类很长久的历史状态，可能我们是循环往复的,你在小的方案中怎么能解答出来有点难度。第三个讲纪念馆,讲指纹形在基地里面做纪念馆,前面的分析很缺乏,你是灵感型的,怎么跟世博后延续和转型,可能缺乏深度的关联,关联性不够,世博后你做了一个自己想要做的建筑,当然你说做一个纪念馆,这本身有点连续。

最后一个同学讲的渗透人文关怀,其实你讲到最后还是生态的东西,回归到生态,讲到猴子,讲到树,其实讲城市是怎么长起来的,你们的问题对我们来讲也是一个冲击,当然我们还是要回归到建筑,选一个尺度适中的基地,一个合理的空间范畴,不然的话落不了地了。我们不能软着陆了,飞得很高,可能你最后的表达,你的成果做成什么样子,我们无从判断了,我们回到自己可以操控的环节上来更为贴切一些。

主持人:我个人对城市农业和生态农场的设计想法很感兴趣,但是听了个开头,后面没有了下文。上海大学美术学院的王海松老师对绿色建筑很有研究,请王老师谈一谈这个话题。

王海松:其实生态从本身上来说关系到社会、人、自然,但是我们作为建筑师要关注更具体的生态,也就是说用了什么材料,这些是很具体的。我知道中央美术学院的要求,这块地是很大了,我们没能够看到你的设计是什么样的。

第三组:

主持人:下半场开始,我们请第三组同学的指导老师丁圆老师先介绍一下。

丁圆:我们对于后世博的概念作了很多研究,反过来我们对目前的阶段当中对一些问题的认识还有欠缺,这四位同学形成了一个组,从早期的规划、方式、理念一直到现在我们对世博提出的观念作了综合的分析。并且把今后我们应该朝哪个方向发展作了一些探索,这四位同学恰好走了一些不同的方向,比如说对于场地今后采取动态的运用,从生态的改造方面进行探索,甚至包含了对水下、靠近水作了概念上的探索,主要是从这些方面进行思考。所以在这个阶段当中,他们今天给大家看到的更多的是对于过程的理解和方式的展现,后面他们会对今后要做的工作作一些自己的阐述。

主持人:这组同学讲完,我们先请四川美术学院的李勇老师点评。

李勇:听了这组同学的作业报告,我有一些感受,首先我感觉同学们的想象力和研究的能力让我很惊讶,他们能够在这么短的时间里面,对整个项目的基础研究和延展方面的研究都比较深入。前面的老师说到好的东西,我在这里只是跟同学们作一个交流,我有一些想法不太一样。我也是带世博组的老师之一,在我们学校的时候跟同学们的交流也比较多,希望跟大家分享一下。

在这个题目当中,事实上我们在前期跟同学的交流当中比较侧重于几个方面,我们要求同学在作业当中体现三个思考,这三个思考中第一个是关于世博的思考;第二个是关于后世博的思考;第三个是关于基地的思考。

关于世博的思考,我们跟同学的讨论当中也说到,更关注世博精神。比如说人与城市、人与自然,前面很多同学提到生态的观念和城市发展的构架各个方面。

第二个是关于后世博的思考,这对同学们来说是比较新的课题,我们也注意到大家关注的可能是后世博跟世博的关系,我们认为这是比较重要的。实际上我们真正建筑的目的简而言之是为需求而建。当然这种需求是各个方面的,是物质方面的,精神方面的,自然方面的,各个方面的需求。对于后世博来说,我觉我们关注的对象可能就是人群的改变;对于世博和后世博来说,事实上真正改变的东西是人群。我们服务的人群可能不一样了，不一样的人群有什么样的需求，或者在同一个基地上面有什么样的需求，从土地的角度来说，我们想到一个词就是租借，实际上世博整个作为行为或者是运作一个模式是租借的过程，世博组委会把上海在六个平方公里范围内的土地租借给博览会，后世博把这个土地还给城市。

第三个就是关于用地的思考，这是我们建筑学院的内容。刚才看到很多同学的作业，我们注意到有的同学对用地的关注还是不够。有的老师提到方案没有落地，实际上我们建筑学院的学生，我们对城市用地的行为，特别是我们老师希望能够用一个建筑学的眼光看问题，能够用一些建筑学的语言解决问题。因为这是研草阶段，同学们在这个落脚的地方还没有站稳，可能在接下来会有所启发。

这组有两个同学是用批判的眼光看世博的行为或者是过程的，当然从批判的眼光来看，还是比较社会学的角度，我比较喜欢这个词，就是"重回滨水"，这个组的同学他们选的是船坞这块地。因为我们同学没有这块地的选项，我们对这块地没有做过研究，所以我在这里说一下，这块地的用地属性是滨水，再一个是船坞，它是后工业的遗址，当然第四个同学也讲到这个意思，从这个角度来落地，应该是比较合适的。

主持人： 下面请广州美术学院的何夏昀老师谈一谈。

何夏昀： 大家好，我听了下午大家的汇报，我觉得各个组都会对基地的解释有点欠缺。我觉得经过四年的学习，大家好像进入了一个标准程序操作的模式当中。大家很喜欢直接拿概念来用，然后去作一个专业的对接，这种概念的运用是没有问题的，但是大家还是对专业范畴、对专业的理解要有更深入的认识，不要盲目地建构一些概念。你如何通过这些词去理解你的基地，你是怎么去转换的，不要像哲学家那样抛出一个概念而忘记自己的本专业。大家对自身学科的重视越来越不重视了，大家都抛弃了自己的拐杖，喜欢用别人的拐杖来走路，忘记了

城市规划的知识。大家好像一直讨论的都是我对社会的理解，我对场地的理解，我对城市的理解，而忘了整个城市规划的理论，希望大家在接下来的时间内补充一下相应的知识，城市规划它的核心内容无外乎几个，一个是城市经济，城市经济直接关系到人的生存，类似于世博的地块，它的土地利用刚才几位老师都提到了，它的土地利用直接关系到经济产出的问题。还有场地的发展，它是一个新的地块，如何在城市中和其他地块比较以后，它有一个发展机会也是比较重要的。还有就是可持续发展，大家在这个阶段更关注的是科学价值。大家应该适当地关注一下前三个问题，把科学价值留到最后才是深入。

具体到这个组，后两个同学给我的感觉是你们小组做得非常好，整个PPT框架、模型都非常好，如果你们是一个统一的小组，我希望看到的是小组的合力，你们个人有自己的理念。但是有些地方你们可以互相借鉴，让整个PPT表达会更加有逻辑化和说服力。我对这个同学的建议是，我现在还没有看出来你具体的转换是怎么进行的，第二个同学说的是生态农场，你在这个上面如何做生态农场，技术手段的改造如何完成，这是在下一阶段需要注意的。第三个同学说得太宽泛了，引入的概念太多，有人类、弱势群体、扩大社会、蜉蝣生物，还有整个人的生命过程的归纳，你在这个场地里面解决不了那么多问题，后面应该再收一下。

第四个同学的作业我理解的就是做一个水上面的乐园，你在乐园的组织上有什么形式，如何把它串联成整体的东西。

主持人： 再有请我们学院的戎安老师点评。

戎安： 我先说一下总的设想，在第一阶段检查我参与这件事，这里面有两个很重要的学习内容。第一个就是它给人非常大的思考和创作的空间，如何来思考和如何来创作这个问题，这是我们和学生共同要解决的问题。第二个问题，我们毕竟是毕业设计，毕业设计应

该有什么样的要求，我们作为建筑学，无论是在美术学院或者是其他的学院，在毕业的时候应该达到什么样的水平。我们老师在中间应该起什么样的作用，我们老师应该掌握到什么底线的学生可以毕业，这是我们最担心的。

今天大家各自汇报的情况，我觉得有可喜的一面，我们美术学院的学生思维确实非常的敏锐，而且也非常的宽阔。但是里面有一个最基本的问题，我们和文人墨客有什么不一样，我们是用什么样的语言来讨论很浪漫，我觉得应该回到建筑学的语境里面去，不管是景观、绿化也好，建筑设计也好，它是一个大建筑学的概念，甚至是和我们美学发展有关的，我们自己要思考。如果我们用别人的语境来谈的话，一个是我们听不懂，这是我们看到整体方案不一致有这样的感觉。我们的很多思维是放开来的，之后我也在想怎么把我们的建筑学联系起来，刚才有一位老师讲的跟我的想法一样，符合我们这个世博的命题和世博后在什么地方能够找到跟我们学科结合的点。还有一个就是要结合我们这个学科方面，或者是规划，或者是景观学科，你的学科规划和设计的对象是什么。我最后要落实到设计对象上去，我设计的内涵有哪些内容，所以我看到这个方案以后，发现正如六角先生一针见血说的，我们是建筑学的学生。我们的浪漫不能通过学科来讨论问题，至于你的方案我不想作太多的说明。

主持人：刚才第三位同学的提案提到了他发散的思考过程，我觉得他是在自己的小宇宙里面来由内而外地思考自己的设计课题，这个角度很有意思。记得之前六角老师的个展里，有个公园景观设计，就是由人的六感出发，引发并翻译成相应的空间语汇。下面我们请六角先生作一下点评。

六角鬼丈：刚才戎安老师已经讲了很多，从景观设计这一组学生来讲，他们应该有一个比较能看清楚的概念。第三个说到蜉蝣的同学，我觉得他有一点灰暗，但是很有意思。最后看到整个设计的做法像一个圆形，在船坞上面。但是他讲那些蜉蝣的生存意识，到底体现在哪里，没有看得太明白。最后一位同学的0标高以下的建筑物的想法，我们常说这样考虑的同学都很狡猾，因为这样不需要考虑立面和造型，想法固然很重要，但是有一点就是不要逃避。

第四组：

六角鬼丈：今天听了以上三组同学的发言，对我来说是增加了很多关于上海的知识，是非常好的学习。我们组的学生，对于他们来说是五年级的毕业设计，是他们进入社会之前的最后一个设计。因此，我的想法是叫大家自由选题，自由地做自己想要的设计。因为刚刚来到中国，所以对中国学生的做法，包括我们中央美术学院学生的能力和通常的做法不是特别清楚，所以我按照东京艺术大学通常对学生的指导方式进行了指导。我们通过后世博的题目，看到大家都有非常好的梦想，大家也有很多想法，可以发散地去思考这是非常重要的。然而，对于毕业设计来说，时间非常短。我对于我们组的学生的指导是尽量不让他们的思想跑得太远，尽可能地把他们抓回来，从建筑学专业的毕业设计的角度上要求他们。我对于我们研究室的学生的指导是尽量不要思维太发散，而是引导他们深化设计。

主持人：最后一位同学的设计灵感是从"反差"中来的，我借此想到，四校联合毕业设计的价值就在于各校之间的差异呈现，如同中央美术学院的四组同学，分别来自三个工作室，平日也并没有太多的交流机会，今日机会难得，同学们可以听到来自兄弟院校和其他工作室导师的建议。下面我们先有请四川美术学院的黄耘老师。

黄耘：我们来互动一下，第一个同学谈到制造商品，因为上海是商品制造的空间，我的问题是你的方案在物质化空间交流中，你怎样制造一种商品，你更像社会学的东西，但是你在空间上没有拿出来进一步把制造的概念怎么弄出来，你的制造下一步怎么弄，这个空间会变成什么样的，能不能展望一下。我发现一个问题，后世博你进入了主导方向，你主导的方向应该对世博有所阐述。

第二个同学跟你讲的类似，你对世博做了很多工作，如果真正实现你们的空间，我觉得是非常有趣的。我觉得第三位同学的儿童馆也非常有趣，你们三位同学有一个共同的地方需要思考，你们怎么放在世博里面，因此希望你们在方案的解释上再往深里面做一下。上海需要你们这些东西吗？宝钢需要你们这些东西吗？如果需要的话上海的人民怎样接受这个观点，它的个性的张扬和发散的思维，如果我们老师主张来落地，要放在地面上的话，它的经济性、艺术家的形态就是798吗，798是纯粹的艺术家的形态吗？实际上这个社会更需要有想象力的人来做一个很有想象的城市，世博需要吗？对它的经济拉动力有多大，你们要考虑一下世博所需要的东西。

主持人：下面请广州美术学院的陈瀚老师点评。

陈瀚：因为我看到你做得非常的严谨，非常的认真。但是我想提供另外一个视角给大家思考，关于宝钢这块地的改造，我举一个例子来说明一下我的观点，如果一朵玫瑰花长在地里是一个状态，如果我们把这个玫瑰花采到教室里用金色的玻璃瓶装着，这又是另外一个状态。宝钢改造本身这个课题，它也可以从这个方面思考，如何跟基地最根本的血脉相连，这个基地最根本的价值如何在旧的方面通过自己新的场所，让它焕发新的功能，包括焕发新的价值出来，我觉得可以对这方面进行思考。这是我的一个视角，仅供大家思考。

主持人：王海松老师，请。

王海松：我觉得三个同学整体上非常有逻辑性，第一个同学介绍了自己对世博会的理解和分析，作了总体的规划。后面三个同学分别就宝钢大舞台展开了自己的设计，我觉得整体上比较有逻辑。他们每个人个体性也非常强，对这块基地的分析，我非常欣赏他们对世博会的分析，还有对上海的历史传统，包括城市特征的分析，我觉得这是其他很多组所欠缺的，这是我们需要或者是比较欣赏的。

前两个同学都抓住了有关城市转型大的课题，上海是个传统制造业的城市，现在转型了，但是它还是制造，制造生活，制造信息。我觉得这两个同学的立意非常大，但是也挺好的。最后他们落到一栋房子和一块基地的改造上，这种做法符合我们做毕业设计的想法。

第三个同学做儿童馆，她的想法不大，挺小的。但是做完以后挺大的，很有意思。我们那边有个同学，他是把宝钢大舞台改造成儿童游乐场，里面有各种各样的设施。所以我觉得这三个同学的想法和做法都不错，这三个同学又有一种内在的逻辑，最后一个同学的想法跟落实的程度还不是很好，第二个其次，他们这三个相对来讲都比较深了。

我提一个建议，我感觉这三个方案想法很好，落实也可以。他们新做的东西跟老的东西结合，你既然留下老的东西，你怎么更好地利用它，这几个方案都欠缺。我看下来宝钢大舞台屋顶也拿掉，大柱子也拿掉，这个方案很完美，他们要的就是这块地，你既然要改造它，你就要很好地利用这块地。

主持人：在座的老师还有要点评的吗？

戎安：最后这个方案，她前面的分析都是一块做的。后面我看到很多六角老师的影子，她在很短的时间里面，把很多六角老师的思维方式和方法抓住了，其实这就是我们请世界著名建筑师来的原因，其他两位学生我觉得有点可惜，你们也跟着六角老师但是没有向六角老师学。但是王艺桥这一点很多地方找到了，当然王老师说的是你们根本的致命弱点，六角老师是艺术类院校领先的人，艺术类院校做建筑设计，从艺术角度考虑它的核心离不开人，我觉得这个核心你多少抓住了。而且在抓住人的时候，很多艺术性的东西跟着进去了，而且这种艺术性的东西，你这个方案脱离大题目的时候，你向六角老师学的时候受益很多，我就说这么一点。

主持人： 下面我们把时间留给同学们，哪位同学针对自己的方案有要向在座哪位老师请教的，请提问。

王海松： 如果你们的设计改造它的话，应该更大程度地利用它。

王硕志： 厂房的结构都是跟物价结合的，本身就是从原有的结构存在出发的，从哪个角度上来说呢？

王海松： 我觉得你部分地考虑了厂房的结合，大部分同学都会这样做，你有更深的考虑可能会更好，我相信对老建筑的保护，对它的价值利用可能有更多的可能。这个房子原来是上钢三厂的车间，它不是历史建筑，也不是说它有多大的文化含义，就是因为世博会需要总的建设量那么大，需要70万m^2，它将原来的房子利用了1/3，这是世博会大的策略，接下去世博会开完了，其实严格意义上说这个房子可以被拆掉了，如果你保留它，你的理由在哪儿？

王硕志： 本身我是考虑从原先的钢铁生产的物质状态和整个工业化到信息化的方向转变，在我看来之间的舞台临时改造只是一个插曲，而不是很重要的结点。事实上现在改造的本身只保留了最早我所看重的那部分，而其他的包括表皮和物理结构已经是新的了。

王海松： 原来它作为上钢三厂的特钢车间，你怎么跟以后的利用贴近进行改造，至少现在的空间全浪费了，所以我觉得改造是一个很大的学问。其实你改造的出发点跟可利用的东西有关。

主持人： 其他同学没有提问的话，2010四校联合毕业设计教学中央美术学院站的中期评图就到这儿了，希望同学们尽快把中期成果作个整理，发到"后世博"的网站上，四校的同学之间好有个交流。谢谢大家！

中期评图
（上海大学站）

主 题：2010四校联合毕业设计（后世博课题）中期评图（上海大学站）

时　　间：2010年4月21日上午
地　　点：上海大学美术学院312室
主持人：王海松

主持人：现在我们开始四校联合毕业设计上海大学美术学院站的中期评图。先向同学们介绍一下这次来评图的老师：中央美术学院的戎安教授、四川美术学院的李勇老师、广州美术学院的何夏昀老师、中央美术学院的丁圆老师、广州美术学院的陈瀚老师。（掌声）各位老师都很辛苦，我们昨天晚上很晚才从中央美术学院回来，然后今天的时间也很紧，今天傍晚我们就又要飞去广州。请各位上海大学的师生对兄弟院校的老师来评图表示欢迎！（掌声）今天是这样，我们16个同学分成4个小组，每个同学介绍5分钟，4个同学一组，讲完了各个老师集中讲评，（每组）老师讲评留有半个小时的时间。第一组胡精恩同学第一个，然后陈婧、张锦花同学合作的是第二个，潘嘉伟和黄寅合作的是第三个，然后章瑾是第四个。现在开始吧。

第一组汇报——宝钢大舞台与船舶馆地块
胡精恩、（陈婧、张锦花）、（潘嘉伟、黄寅）、章瑾
老师点评：

主持人：下面我们请各位老师对这组同学汇报的内容作个点评，从戎老师开始吧。

戎安：大家好。第一个同学她通过举例来明确历来世博的一种探索精神，她很快地回顾之后又很快地回到自己的设计主题上。首先从选址的介绍，完了以后对选址周边交通关系的分析，之后她提出一个厂房改造的概念，现在好像（设计）深度比较深了，已经是功能啊、设计方案基本上已经成形了，一层、二层的平面，功能啊包括结构啊都已经进去了，这个我觉得设计深度比我们昨天在中央美术学院的（汇报）深得多了。我也提一点点建议，因为这次"后世博"的课题特别的好，是在现在人们都在奔世博的时候，我们看到了后面有很多事情要考虑，这就使我回想起北京在奥运的时候一鼓作气奔奥运，但是奥运之后，明显的奥运的问题就暴露给这个城市，甚至包括建筑界的很多问题，都措手不及。问题还是比较多的。那么世博我觉得也有同样的问题，我们也特别希望同学们有一种建筑师的责任感，对后世博的问题再多一些讨论，我感觉到就更好了。（掌声）

李勇：同学们好！就这个世博命题啊，我们在学校的时候也和我们的同学作了很多的交流，从这个题目解题的话，我们当时有这样一个认识，有三个内容很重要。第一个就是：世博是怎么回事？世博精神是什么？我想这个方面大家一定也做了很多的工作。第二个就是"后世博"，后世博的话我们理解是世博作为一个活动结束之后把用地还给城市的一个过程。当然每个世博会后，后世博的做法都不一样，根据每个城市也好、每个民族也好、世博本身的场地也好，结果是不一样的。这个就是后世博的思考。第三个我觉得就是用地。用地方面的思考就是我们建筑学的内容。我们不管做一个新建筑也好、改建建筑也好，这个建筑本身的话就是在用地上的。就这一组的同学的话，我觉得大家做的是一个事，就是建筑改造，在世博中用的一个建筑，然后在后世博这个时段内作建筑改造。实际上在建筑改造这个过程当中我觉得我们可能就要涉及一个新的东西，就是"建筑的命运"。就是说这个建筑本身啊就是个有生命的东西，建筑的生命在于它的功能，生命的延续就在于功能的不断的变化，世博和后世博从这样一个时间轴来看的话，宝钢大舞台从刚开始的话是一个工业建筑，在世博会期间是一个展览建筑，后世博后很多同学把它做成一个游乐场，其中体现的实际上是一个建筑的命运。就这四个作业来说的话，给我的印象第一个就是大家做得非常深入，也非常专业，

有一个专业的思路和建筑学的语言，在这方面做得很好，当然作为我们毕业设计来说的话这是非常重要的。昨天我们在中央美术学院评图的时候大家也提到这个事，就是我们作为建筑学的毕业生，应该具有什么样的水平，或者说要掌握什么样的技能，从这方面看，我觉得上海大学美术学院建筑系的学生在这方面掌握的情况是非常好的。当然我也提一个类似戎安老师的观念，我就不对每一个单独的作品作出评价了。大家做的事都在延续现在后世博的一个规划，大家好像被这个东西禁锢住了，比如说船舶馆，后世博的规划就要求它做成船舶博物馆（以前叫企业馆），在这个空间里面做一些游戏空间，这个给我的感觉就像跳水里的规定动作，在规定动作这块大家做得非常好，实际上在这四个作业里我也看到了一些自选动作，我们应该有一些自选动作。还有如果我们的思维禁锢在这里面的话，我们都在做加法，没人在尝试做减法，当然无论是加法还是减法，都应该适应我们后世博的方式和适应我们的用地，我觉得这个方面会更好一些。最后一点我觉得最后的章瑾同学的方案给我留下了深刻的印象，是一个深度更深、想法也非常不错的一个做法。谢谢！（掌声）

得也比较清晰，表达也比较流畅，然后我觉得稍微有几点比较欠缺的就是，船舶馆的平面构成，与企业馆和观景斜廊这几个建筑形态的咬合、融合的关系稍微处理得弱了点，然后功能组织方面也有一点欠缺考虑的。第三组同学我觉得也是做得比较深入和扎实，也提出个问题就是建筑的使用率问题，是否使用率越高越好，就是你刚才一直说要把空间进行填补，你认为使用率高到什么程度是有利于船舶博物馆的，然后你是否融入那么多功能，又有图书馆、博物馆、船舶科技馆，这三者是否有一个统一的关系，这点也是比较重要的。不仅要考虑与原结构的融合，也要考虑这三者的关系。然后第四个同学我的印象也是比较好、比较深刻的，我觉得她对现有的旧工厂进行了一个分析，对现有的游乐场也进行了一个分析，我提出一个小小的问题，就是说（世博后）依然是一轴四馆保留下来的，你这个场地与其他几个场馆关系有点弱，它们在交通上、功能上有没有一些联系与融合？因为你刚才提出这是一个室内游乐场，让人们在雨天也可以去到那里，但是你出来的一刹那已经是一个非常大雨的地方，如何把这些东西做个串联或组织你的方案就更为深入了，谢谢！（掌声）

何夏昀：大家好！看到大家的方案我觉得在这个阶段上，上海大学的同学做得非常的扎实和深入。刚才戎老师对后世博这个命题的理解作了个解释，然后李老师也对建筑生命、周期给大家作了个阐释，我就具体直接进入到每个同学的方案当中给大家一些我自己的理解，还有就是说大家在（设计）深入过程中自己可能会遇见的问题提出几点想法。首先是第一个胡精恩同学的这个方案，我觉得你对高科技展览中心的理解可能稍微有一点点欠缺，就是说你这高科技展览中心和科技馆有什么不同，这就直接关系到差异化的过程中对自己的一个定位，因为这毕竟是一个后世博的场所，你如何释放后世博的这种记忆和信息，融入你自己的建筑体内，我觉得这应该是在深入的阶段中考虑的。然后第二组的陈婧、张锦花同学，我觉得他们逻辑分析

谢建军：老师们评价得都太客气，可以尖锐一点，呵呵。

丁圆：大家好！我是中央美术学院的丁圆。去年我们也参加了这样的活动，同时来到了上海大学。从对上海大学的印象中来看，大家很容易切入到一个具体的工作层面上，换句话说就是很建筑学，但是我想想我们的背景依然是个艺术院校，所以大家在做这个题目的时候是不是更加多一点乐趣呢？大家在建筑层面的探索非常深入，已经很完整地进入到结构、功能、动线、空间组织分配等这一层面，但是给人的感觉就是少了点乐趣，好像是建筑师已经在工作了。这是一个整体的印象。第二个，前面几位老师都已经谈到过了，就是大家对这个后世博原则性或者说

我们今后该怎么去使用方面似乎探索得稍微少了一点。在这上面我们应该看得到世博实际上是对土地很强制性的一种改变,首先这个土地在原有的比如说工业文化也好、生产性也好、居住性也好这样一个很社会性的功能的前提下,忽然间把它夷为平地。在这个夷为平地的过程中我们要赋予它新的概念——世博会。那世博会呢又是个瞬间的概念,那瞬间概念又要转化成下面一个概念时我们该怎么办? 所以在这个过程中我们可以更多地考虑下价值,无论从社会学角度来说,从用地、经济的价值方面如何对它进行一个重新的转换或者阐述,这个方面我觉得大家是否可以更多地去考虑考虑。如果在这个层面上不去过多地追求的话大家会延续现有的规划层面,四个方案所作的汇报都在延续一个既有的概念,比如说世博会下面该怎么做呢? 刚才有个同学已经讲到了,可能是休闲的、商业的、商务的或者是形象的。那么延续到建筑方面的时候,刚才何老师有说到,很容易有个联想。原来是企业馆,我们稍微改变一下;原来是船舶馆,那改成船舶博物馆,那么这样一种概念上的延续会不会有点很硬的感觉,没有一点柔情的、美好的、浪漫的这种东西在里面,这个可能稍许有点遗憾。那第二个我们说说建筑学上的表述,我们看到平面图啊、空间上的展示啊,包括动线啊什么的都进行了一个很明确的阐明,在建筑学上面的时候用这种手法,我觉得也是有点硬。硬在哪里呢,这个建筑,不论是旧的还是新的,旧的和新的之间的关联性上面我觉得就是保留了一个壳,然后在这个壳里把这些功能安进去,新建的结构和原有结构之间并没有一种很明确的关系,那么给人的感觉除了柱子和围合的东西以外并没有太多的彼此之间的感受,与其这样不如全拆了重来一个或许更漂亮一点,这可能仅是我会有这样一种联想。最后一个同学,我觉得还是有这个方面的一些想法,至少是说把这个结构和后有的部分加以结合,使他更加富于一些生命力,特别那个叫"跳楼梯",这个我做过一次,那高度还不够,我觉得你可以把那个顶再去掉一点嘛,让它升出去更加刺激。从天空中掉到楼板上,楼板又穿越下去掉到地面上,这个刺激程度可能更高一点。反过来说局限性太大了一点,你为什么一定要局限在这个顶和柱子和墙的围合空间上呢? 第三个方案船舶图书馆我觉得里面功能的分配和动线上有点问题,中间的三角形地带是个书库是吧? 然后三层还是四层上面做了点阅览室,一楼是大的报告厅什么的,这个功能结构上似乎有点问题。大家知道一般要跑到三楼去阅览,或者说书库和展览空间的关系上比如说运输啊稍许有点问题,因为现在有个前开架方式,前开架方式中包括书架的位置和接口都是有一定的关联性的,这个大家可以查些资料看一下。从目前的结构上看好像有些不妥,我看得也比较粗糙。另外一个就是船舶馆那个斜向的部分可以更好地去利用,好像点到了就停了,这个方面我觉得应该重视一下。另外我觉得大家不要像现有的建筑学那样,一下就落到建筑上,建筑说得不好听点就是四周一围,顶上加个顶下面是地就完了,没有一个人告诉我这个建筑和周围是什么一个关系、这个建筑从哪来的、它怎么进入这个空间的、周边应该跟它有什么样的关联性,这个其实是很重要的。因为建筑不是说我放在那儿就能解决问题的,这个路径很重要。我怎么能把人吸引进来、怎么去疏散,我看到很多同学做的建筑有三个入口,可能三个入口还不够,为什么选在左下角的位置作为入口而不放在北边或者南边,这都有个说法。建筑不光是个围合体,它和周边环境的关系是很重要的。我觉得这个方面这四组同学都很缺乏,这方面应该去考量一下,或许会得到一个不同的、前瞻性的设计。谢谢! (掌声)

第二组汇报——白莲泾地块

吴昊、(胡娴、黄伟)、严晓奇
老师点评:

主持人: 这三个作品都是围绕白莲泾地块做的。下面还是请几位老师逐一点评。

戎安: 下面这一组和第一组的风格有明显的不一样,我自己从中学到非常多的东西,首先我很谢谢同学们。吴昊同学思想非常活跃,先说说他的方案吧。看到这个方案以后,我觉得这个同学的思想非常活跃,非常的积极。而且还是把握住了一个现在的很重要的设计方向的东西，我不知道你看过亚历山大的《城市设计新方法》没有？实际上，我认为你与他的想法有些一致的地方，先点一下。拿到这个题目怎么做，其实这个题目是由两个大题目组成的。一个解读的就是世博这个事件，这个事件发生后，这个事件发生前，这个事件发生的时候给我们带来了什么样的一些信息。这次的世博与往届的世博不同的是，它从产品的层面一下子跳到了城市的层面。对城市的讨论，那么为什么现在开始提城市的讨论，城市有何深意和发展有什么关系，其实这个是需要反思的，咱们这个同学其实说这个题目点到了，这个是很好的、很敏锐的，这是和以往任何一届都不一样的。上海可能慢慢地成为世界最大的城市之一，这么一个点放在这个城市里头，这个世界像一颗炸弹一样，它爆炸的一瞬间，它爆炸前的酝酿期和爆炸的时候及爆炸之后，与整个城市的关系，这是第一个要讲的。第二，我们要完成一个完整的毕业设计，这个毕业设计要达到工科的建筑学毕业标准，那么应该完成什么？我和我们的学生讨论，我认为是这样的，你可以从前面的部分做到中间，或者从中间一部分做到后头。我那个分组里面分两组，一组就是从城市到最后的建筑方案，这是一类。另外一类从场地开始，从场地设计开始到建筑设计，最后落实到建筑内部的一些关键性的构造，因为这个构造设计产生艺术性的要求很高。你提出了一个城市更新的概念，你是真心去研究了这个城市，而不是像前面一组同学是在研究一个建筑，这个建筑我还是客观地觉得稍微弱了一点，因为这次的世博，咱们题目是"城市"，所以从城市的角度，你这一点介入近似毕业设计的一个要回答的问题，因为我们既然是命题，我们就要回答问题，不能躲开问题去做，所以要回答城市问题，所以你从城市介入我觉得很好。另外你换了一个角度去看，从城市的机理，从城市机理的突变性，事情的变化，进而切入。我觉得这些地方非常好，我从你那儿学到很多东西。还有就是职能的突变，就是你讨论的一系列的东西。城市有序发展好还是无序发展好，实际上城市的发展，人们都希望它有序发展，但是城市的发展往往又是无序的，你再考虑有序和无序的关系。另外就是一种观念，你提出就是一个多样性和多次完善，这就很像一个城市设计，过去我们传达的是样板式、蓝图式，这个对建筑作品而言也许是成功的，但是对城市发展是不成功的，我们过去的作品不成功，往往跟方式有关系，所以你在讨论这个模式的时候，其实我觉得你很好地回答了问题，我们想回答或者想探讨，我受到很多启发。另外，你提出了建筑模式，这种分界的发展，最后的结局我觉得还可以进一步去讨论，可能不要完全按毕业设计要求，我觉得你还有时间，可能是一个很好的作品。

第二组同学做得非常好。从城市的整体分析开始，来讨论世博选址的缘由，我觉得这个是很重要的。我们讨论后世博肯定要讨论世博，讨论世博要从城市的角度，那么城市发展的选址问题的确是很重要的一个问题，世博也好，奥运也好，每个城市在选址的问题上都是一个战略性的。我觉得同学站的点很高，我很受启发。另外就是世博园带来了这样一个问题，其实往往提出问题比解决问题更难，你能提出这样一个问题，我觉得非常好，提出了用地问题、交通问题。你其实是提出了世博园到底为上海市做了什么。其实在奥运的时候也是如此，奥运也是把北京变成了一个大工地，生活很不方便，但是没有想到在十年准备奥运的过程中间，一个城市改变了。其实世博对上海也有同样的关系，你去讨论了，我觉得角度蛮高的。所以你提出了很多必要的问题，我觉得特别好。另外你提出了以人为核心，以人为本来讨论城市的重要性，这些概念都特别好，真的很好。另外就是用人流的发展方式，而不是形式的方式。

第三位同学我客观说你的造型能力非常强，但是解决问题的方法稍微偏简单了点，谢谢大家。

李勇：这组同学给我的印象很不错，我觉得我们建筑师有一个比较一致的做事的方法：第一要观察；第二要策略；第三要方法。这组同学特别是前面两个同学给我的印象特别深，第一位同学把世博作为一个突发事件，然后用突发事件来判断影响，用他的方法解决问题，无论是观念上、策略上、方法上都作了全面的思考，这是个不错的方案。第二位同学思考也是比较成熟的，但是最后对于建筑的部分比前面的同学深度可能稍微浅了一些。但是前面的思考还有观念的东西比较到位,我觉得思考还是比较到位的。提出了一些策略,比如说:城市的多样功能,增加街道面积,分期建设。我觉得这些办法都是比较贴切这块地,或者说这个项目的。第三位同学我重复戎老师的观念,但我觉得前面的深入程度有些欠缺。但是我又觉得这个方案,可能会是一个实施方案。这个有点像一个地产概念设计,针对某个业主而言,这个以后适应什么样的人群,能有多少回报,就这块地能做多少活。就不像我们在学生阶段所要考虑的问题,比如对文化上的问题、对城市上的问题,对这些问题考虑欠缺些。对经济的问题,和对我们地产上叫做目标人群考虑的多一些。我就是这个意思,谢谢大家。(掌声)

何夏昀:这个我就简要一点说,我就是想给大家提出两个问题。就是大家切入这个地块的时候,设计的切入点是否有对与错。另外第二个问题是不同的切入点同学们的最后解决的方法是相近的解决方法。就拿这组同学的几个方案来说,第一个同学,我不知道你有没有分析整个地块,不知道你有没有注意到白莲泾上面的部分是住宅和宾馆,你在这个阶段,我听到你说后世博是一种观念,我以为你是做一种观念性、实验性的建筑,最后,一个结果是一种非常商业性的,然后一种是住宅啊、酒店性的建筑,这种对接是否合理,你的观点和最后的业态组织是否一致。因为我觉得在这个地块里面最不缺的就是酒店,你是临近酒店的区域,这样做是否有些冒险,可以再去想一下。第二位同学关于多样性的问题,你多样性的东西和最后的丰富性形态上有没有呼应?你给我看到的是北京当代MOMA的感觉,你是不同的切入点,最后出现的结果是和别的建筑相类似的,这个是需要大家注意的。应对这些场地理解和场地的判断,进行得比较完善之后,最后才做设计。(掌声)

丁圆:我比较强调两个问题,一个问题是价值转换,对价值判断,无论是社会的、经济的、土地的、现有的问题和将来的问题的观念。第二个是地块,我觉得这个水和这个氛围是我课题中想要的点。这组好的方面我就不说了,我感到很高兴。特别是前面两位同学已经回答,我们海松老师和其他老师提出的问题。我提出两个问题,第一个问题是前面的推进过程很好,到解决问题的时候脱节了,这个感觉非常强烈。谈到了功能转换的问题有多么核心,光从地块分析上看,似乎找不着、看不到前面分析的结论,所以要解决问题的关联性和推理性。第二个问题是前面两位同学都提到了多样性,其实我们在现代城市规划发展的时候,很容易想到效率问题,效率是很重要的问题,其实也谈到功能分区之间的转换。多样性恰恰是回到原先我们要讨论的城市到底是什么,我们看到城市的发展经历了很多变化,一开始在城市,城市搬到外面,又搬回来。但是我们看到多样性提出来了,但是我们要解决问题的方式又是什么呢?好像要人为的复杂,其实我觉得多样性并不是没有秩序的,并不是要故意地去复杂,那么曾经我提出了一个叫做"有序复杂性"的概念,就是告诉大家很简单的一个道理,不要故意地去做这些,注意这些,在现有的情况下,秩序有好的地方,但是也失去了很多偶然性,在有序和复杂之间找到一种观念,无论是生长后续的发张,还是在规定动作内找一些自选动作。这个世界有很多例子,早期提出塑造城市就是架在城市上部发展,也在谈这些问题,这两个问题如何用现有的方式能解决好,如果这些问题能解决好,我觉得第一个和第二个同学的作品会很有意思。(掌声)

陈瀚:前面两个组的同学从四个角度去看待世博整个地块的设计,我觉得是蛮好的,我用一个形容来说就是说像写一篇论文,很有方法的推进,而且有自己很新锐的观点。但是同样存在的问题就是说我们缺乏很具体的手法去体现这种观点,具体的手法呈现在哪儿呢?前面所说的无序的城市状态所提出的概念、推进都非常好,但是在最后的时候无论是无序的柱网、无序的剪力墙,包括结构转换层,这些都稍微牵强了一点。但是从另外一方面看,我看到一些有参考价值的地方,就是说像是俄罗斯方块一样的组合方式,这个组合方式背后带来的问题是,我们可能是在这个框架之下所体现的无序,那么这个框架需要你的智慧去设定,那么俄罗斯方块设置的是几个模块?可能是规定的大的模块下所呈现的多样化的结果。那么给予的前提条件可能是我们对于整个自己想体现的人的交往方式也好,或者是说这个社区与其他社区交往比对方式也好,或者说自己社区内部可能形成的无序状态下背后有序地去组织这种关系,可能呈现的结果是很无序的,但是你是在一个框架之下思考这个问题,在这个框架之下形成这个结果,所以说我们必须有手法,这个方法中必须设置一些模块,这种标准模块也可用建筑的手法去体现,那么最后呈现出来的可能是更直观的结果。这个是前面两组,我抽取了大家统一的一个问题说一下。后面一组的问题是整个建筑物生成、里面的关系、结构功底都很扎实,但是忘了这个地块的本身特色,我们如何生成建筑体块,建筑体块与整个地块之间的关系是什么样子,可能需要交代一下这个关系。谢谢。(掌声)

主持人:我们上半场的汇报就到这里。然后给大家介绍位新客人——《新建筑》杂志的吴广陵主任。(掌声)我们活动的最初媒体就是《新建筑》。接下去广州、重庆站的评图她会和我们的团队一起走。那我们休息15分钟,同学们和老师在茶歇的时候也可以交流,机会难得。

第三组汇报——世博轴南地块
赵冠一、李洁君、章昕宇
老师讲评:

戎安:这次就三句话。第一位同学我就给你八个字吧:百屈不饶,起死回生。就这八个字,呵呵,你自己也说了。第二位同学我可能就没别的说了,可能上一次说多了,这一次的表达可能差不多。最后一位同学就是,虚实之间,你再斟酌一下。

李勇:第一个同学,实际上我觉得他想做一个环保的概念,材料回收的话,那么你可不可以考虑材料再利用呢?我们回收材料实际上就是为了再利用,因为我们做一个事,比如说商人的话他会去想怎么赚钱,那么他需要一个商业的通道。那么实际上比如我们想到环保的事,我们要找到一个建筑学的通道,那么通道的选择的话我觉得要选择一个适合建筑学表现的阶段,那么我觉得在再利用这一方面你可能会找到这个通道。这是第一个同学,我就说说你这个做法啊,其实我们学校有个学生,他的做法也和你的方式比较相像,他实际上把厂房的材料啊、墙啊、柱子啊,把它们拆下来,拆下来放在公园里做一些东西,做一些适合公园的一些东西吧,我觉得你可不可以这样去想想,试试看。第二个同学我觉得,我特别欣赏她的调查问卷,我觉得这个从建筑学角度来说特别是做这种社会性、文化性的工作的话,这种调查问卷的方式是种很好的方式。而且我觉得她最后做出来的结果的话也是不错的,我有一个建议就是刚才你说的调查问卷在边上的协调区做的问卷,那么实际上我觉得你做的问卷的调查范围应该是和交通的辐射能力结合来确认这个范围,当然你这调查问卷可以做100份或者200份,它和这个范围是没什么关系的,你在这个范围可以做200份,你在另一个小范围也可以做200份。那么我觉得这个调查问卷的范围不要太局限于这个新造区,应该是取决于交通辐射能力的范围。比如说一刻钟步行的通道,或者20分钟、半小时,当然这个取值你应该有一个科学论证的结果,可以采集一些别人的数据。第三个同学我觉得有点主观,因为喜欢西班牙馆希望它能够留下,然后就在这个地方建了这个东西,然后就选择这个交通比较发达的用地,我觉得前面这个"因为喜欢,所以留下"是对的,但是选择的这块用地好像有点牵强,就这块用地的属性,我和我们的学生讨论的时候就认为是交通,你的选择是否可以商榷一下。建筑和用地实际上是长在一块儿的,它的用地,跟它的功能、城市结构关系是密切的。谢谢大家!(掌声)

何夏昀：我也是简单说一下吧，第一个同学的汇报蛮有意思的。但是我觉得你的思考的过程并不是一棵树的形态，你可能是东摘一个果子发现它不好吃扔掉它，然后那边又摘了个果子发现不行、不好吃。我觉得更像是一个杯子或者说是调酒，你突然间觉得放进这个味道不太适合，然后把它冲淡了点再换别的调料，我意思是说你不应该把你之前所思所考扔掉，在你之后做艺术馆中你是否可以把它们局部地运用于你所说的钢结构回收，不要把之前的一些可取的东西抛弃掉。第二个同学的方案，我也觉得这种从实地分析、调研的方法是非常好的，不过这种样本的提取只是周边地区的调研，有没有考虑非周边地区的人群来到这个地块，他们又会产生什么样的需求？园内的使用和园外的使用在这个地块是如何体现的？然后就是周边地区的人群和外来人群在这个地块的活动也要有个综合的体现。然后第三个同学刚才李老师也说了，有点过于主观。你在下面的过程中是否可以考虑一下后世博的印象，把这个东西融入整个园区里面。另外就是说你的建筑，我看了平面图，使用率过低啊！这么大一个地块只用了这么一小点，希望注意一下。（掌声）

丁圆：看了这组同学的东西，我一时语塞，不知道说什么了。前面我都记了不少，这三个同学我只记了半页纸然后还琢磨半天。就是说如果在一个过程中，说难听点就是被毙掉也好，或者说自己的想法的更替也好，我觉得是很正常的事，每个设计师都会进行这个思考、选择，在反复这样一个过程。但是我觉得刚刚这个同学讲的过程中，他忽略了最重要的东西就是理由。为什么会被枪毙掉，或者说你为什么放弃了，你这个没有理由，它这个循环过程中往往是从零开始的，零走到一个阶段又到零，我觉得这个没有意义，在重复工作，你要是想做好一件事情，首先你要找到被枪毙和放弃的理由。第二个同学的方案我没有什么太大印象。第三个同学的方案我就是想说高迪曾经说曲线是人类的，人的身上也有曲线啊，所以说我们要和上帝同在。（掌声）

陈瀚：这一大组的同学，我的观点和前面老师的观点相同，但是有一些细节的问题和大家交流一下。第一个同学就是反复被枪毙的过程，其实当时有很多可以去思考，被枪毙的过程中的很多点，材料回收的问题，材料回收带来的问题非常复杂，所以你放弃。你没有选在一个点子上去考虑这个材料回收。其实提起一个很小的点做一个设计出来，或者说你的回收如何分类，分类重新再利用的问题，这个过程也可以重现。我觉得这个过程中从零开始，前面的工作是白费了，后面的工作能不能利用前面的工作进行思考，或者往下深入。你的优势是你参与过某些项目，因为参与过某些项目所以对于材料或者尺度关系或者是空间关系有所了解，那么重新再利用也有所依据。在深入的过程中利用所有的资料去做，这是一点建议。第二位同学在过程中非常用心，去实地调研，但是调研的问题在于只提取了周边的关系，没有深入调查后世博之后，人群是怎么改变的。世博带来的大量人群参与世博会，那么世博之后群体的改变、流量的改变，这个交通中心如何组织交通关系，这个世博园再利用的问题，这个重新组织的关系，这个调研的依据，不仅仅在周边的小区，可能还有其他的包括整个交通关系重新在梳理。第三位同学的方案是关于西班牙馆的，所有展馆我这边接受的消息临时展馆是再利用，这个我接收到的信息是后续再利用的，提供参考。西班牙馆本身你重新再建构，非常有意思，西班牙馆本身建筑就是临时性材料，这些临时性的材料，如何去保护再利用？你喜欢这个馆，但是没有深入去讨论它里面所有的因素，怎么样利用、怎么样保护、怎么样去把这个临时性的东西变成一个永久性的展示方式，这个可能也是一个思考的思路。大概是这几点。（掌声）

主持人：各位老师的评语非常准也非常尖锐，我希望四个小组汇报以后让同学们和老师们自己交流，平时我和谢老师对你们的指教比较多，今天有机会这么多老师一起评图，应该给同学们一个机会。下面我们还有三个设计：葛亮、王清晨、忻锴。

第四组汇报——自选个案

葛亮、王清晨、忻锴

老师讲评：

主持人： 各位老师讲完了之后，谢老师作总结陈词。

陈瀚： 我觉得这一组的同学针对展览的空间作了很多的探讨。我有一些想法和大家分享一下。第一位同学的未来展馆的改造，改造成现代艺术空间，何谓现代艺术？可能需要去理解一下，这个现代艺术所需要的展览方式是什么。有提到过一个案例就是奥赛公寓，是一个旧的火车站加入新的元素改造成一个展览空间。奥赛公寓所展览的产品是印象派那段时间的现代艺术。现代艺术包含了现代艺术和当代艺术，它所需要的展览空间是怎么样的形态必须有所思考，展览无非是展现和动线的设置。重新去改造这个这个未来馆，它的空间特色是怎么样的，我们的空间展品需求是怎么样的，如何去对接这两者之间的关系。等于说这个展览的空间是必须重新定位的，这是非常重要的过程，如何去思考展览和展览空间之间的关系，展示方式和动线的设置是非常重要的。第二位同学，我觉得像论文的快题报告，大量的文字，最后有一部分呈现，我觉得对空间的组织关系更加有意思点，我看到的是斜线的组织方式作空间的一个分割。但是对空间自身的需求没有作一个很深入的了解，包括会议空间、售卖空间，所需的空间类别，如何去阻止这个空间关系，显得更加有意思点。斜是一种方式，有没有其他的高差关系或者说咬合关系，形成一个有意思的空间关系，然后和这个旧建筑的框架形成表皮和内容之间的对比。这是我的一个建议。第三位同学的方案是对德国馆的改造。那么大篇幅说德国馆的改造，但是没作一个前提设定，什么前提下，对德国馆的改造。德国馆的材料本来是一些临时性材料，不允许作这样长期的建造。放在另外一个省份里面，如何重新定位的问题。我看到里面涉及非常多的功能，这个功能会涉及整个建筑的复杂性，是否允许作这个设定，也要作重新的一个思考，一个是前面的定位的前提条件。第二个是整个空间的单纯性，从世博展览德国文化空间演变成另外一个空间，那么空间作什么改变，外表皮作什么改变，所以这个前提设置非常重要。这是对三位同学的建议。（掌声）

丁圆： 我觉得无论是什么样的改变，什么样的定位，对它都应该有个很明确的陈述，这组同学大范围说文化创意、展览展示有关联。第一位同学说到现代艺术馆，我们要看的时候一下子切入到空间，要考虑下对艺术的理解。当代艺术我们看到新的展览展示，作品形式发生了变化，由传统的平面形，人和东西之间单纯的视觉沟通，演化成三维的、立体的、新媒体的、新艺术的形式。由平面走向立体，由立体走向体验，从体验走向感受。在这样一个很复杂的艺术表现形式中，你既然要立足于当代的艺术形式，就必须对当代艺术品，以及艺术家所体现出的社会、经济各方面，体现出的意识形态有所理解，在落实到空间的时候，空间就会有所变化，有所互动。最近我也做了一个很小的艺术馆，我就体现出一点。我要做的一个空间并不是强势的，我只是提供一个场域，至于你要怎么样表达，你介入后自然会表达。换句话说我们提供了更多的二次创造的机会，是这样一个想法。既然你要做，我感觉到你提了一个当代艺术的东西，但是并没有对这方面进行很好的考虑，而你的展览的方式包括流线，这种流线展览方式依然延续了我们现在所提倡的美术馆展览方式，以固有的收藏品作为展示方式和外来的临时性展览方式是本质上有区别的。那么这个馆的展览的过程空间与你的创作的对应性并不是很好。再谈谈最后一位同学，我一直没有看明白，到底是介绍德国馆还是其他什么。最后看见功能重新划分了，是对德国馆的改造或者其他什么想法。为什么选择德国馆而不选择日本馆呢？可以再斟酌一下。

何夏昀： 大概说一下。我不知道这个自选题目是怎么样操作的，是说你们选完题了，归一类，还是说我本来就想要自选，然后分成各个不同的小的类型呢？

主持人： 这组方案都不是原来我们网上规定的基地，都是他们自选的方案。所以把这一批列为一组。

何夏昀： 我是觉得你们的自选方案没有选出彩来，自己做的时候也没有做出特色。你们三位同学的方案基本上都是文化艺术类建筑。从第三个同学来吧，你对德国馆这个立论的部分自己再探讨下，但是你对尺度把握得非常不到位，我就具体说一个非常小的点，比如说那个茶社还有咖啡馆，你统计下区域的面积，适不适合做这两个业态的组织。然后你对这个建筑的改造和再利用，的确破坏了原有的体量和关系。第二个同学是关于创意产业园集聚区，我觉得你这个方案在大量论证你需要做一个创意产业集聚区，像个开题报告，对这个创意产业园集聚区的认识还不充分。尤其在上海，已经有三期的创意产业集聚区，加起来一共是72个，因为我研究生专题做的是创意产业集聚区研究。你对自己的这个创意产业园集聚区的定位在哪里？你一定要考虑这个创意产业园集聚区与城市的关系，为什么是江南造船厂，不是前面同学的未来馆。尤其你是自选地块，一定要在这个大区域内定的哪个点，自己应该再好好琢磨一下。是不是江南造船厂而不是宝钢大舞台，这个你再好好研究下。另外，创意产业园集聚区是包含很多类型的，8号桥是工作型的，田子坊是消费型的，798是很大的综合型的，既有工作，又有展览和自主的小商店。而在你的方案里面更多的是商铺，这个商铺你可以定位为消费型，但是你要看看这个面积配比，是不是能用完这个区域，经济效应在哪儿，到底是写字楼还是其他的，你要抓住这个定位。

第一个同学的美术馆的改造，之前两个老师已经说得非常多了，在案例选择上，我觉得你案例选择奥赛馆、泰德、八号桥红馆，是非常无意识的，这个对你的改造方案有多少意义，你这个是要再考虑下。八号桥是一个创意产业园集聚区，它是一个工作型的区，并不适合引入你这个案例作为一个参照。谢谢。（掌声）

李勇： 这个组同学的汇报，我听过后说实话有些糊涂。我特别同意何老师刚刚提到的案例选择的问题。实际上，我们回顾，同学们开始自己思考，大约一周。然后老师进行具体辅导。我组织学生特别讨论，讨论上海大学老师为什么选择这三个地块。一个是白莲泾地块、一个是交通地块、一个是宝钢地块，我们就组织了一次讨论。讨论结果发现这三个地块特别有代表性。这组同学是自选个案，你们自己选择的地方特点不够，感觉上不是特别合适。这是我的第一个想法。其实我很期待自选方案，我们的学生、老师都没来世博这边看，也不知道里面有什么东西，就在图上讨论这个事，再到网上作些调查。我现在想问最后一个同学：为什么选德国馆？其实我想问你们每个人为什么选你们各自的这个地块？你们的表述没有说为什么选这个地块。是因为喜欢吗？还是自己有一个思路？好像不是很清楚。我们学校的学生有两种主意，一是构思一种观念，比如说环保的、生态的、城市的或者什么，然后我们希望能从世博想到后世博，有了观念之后找地块。同学们因为观念的不同而选择了不同的地块。二是当然也可以先选择地块，那应该想这个地块适合干什么。如果这块地确定了性质，就不是我们想怎么做了，而是这个地块适合做什么了。我就说这么多吧。（掌声）

戎安： 最后一个说吧，实际上我一直在考虑后世博这个课题怎么做。特别是上海大学出的题目，我抱了很大希望，到这儿来听听上海大学出题的人是怎么来解读这个题目的。刚刚老师对同学进行了具体的评论，我就不再重复了，基本大家看法一样。我们应该怎么对待这个后世博，你们解题的开放性、随意性、多视角性、多层次性、多样性有很宽的水准。这个就回到了我们刚接到这个题目的时候，我们学校的老师也讨论过该怎么定位，结果是我们完全可以放开了想，怎么解释都可以。但是到了现在这个阶段中期检查，我们的共同任务是讨论这个点应该怎么交流的问题。这个发散性思维可能还是要聚焦到某些点，从今天的这个同学的汇报来说。我的情绪也跟着你们跌宕起伏，一下子很兴奋，一下子很低落。我们的学术团体是一家人，这个研究的点是有先进性的。我们的先进性聚焦到某个点，下面咱们共同努力探讨这方面，这是我的感受。（掌声）

主持人： 谢老师来总结陈词。

谢建军： 我现在也说两句。其实这个题目的提出很有挑战性，为什么呢？在官方也没有公布这种系统地对后世博的规划或者是各层面的思考，这是第一种挑战。第二种挑战的就是课题覆盖的面太宽阔了，随处可以着手。第三个挑战从学生们，从大家这个学习结构，同学们马上要毕业了，做一个五年的学习上的综合能力的交代，可能显示出力量上的苍白，当然这也是有趣之处。我有这三个感受。但是这种题目也很有趣，从各个层面，我的总体印象是，我们同学交的卷子不是很够理想，但是从另外一个角度思考，好像都是挖空心思在想。我还有一个感受哦，我一直相信做一个设计的作用力与反作用力的态度问题。另外我也想到一些问题，这个问题太宽泛了，我建议大家应该是由一个小题大做的角度切入，可能更容易把握一点。可能大家理解很简单化了，做一个厂房进行改造。实际上正如一开始王老师提出的，我们对于这种思考性，抓住点的敏锐性，这个其实是胜算的一个决定性的因素：一个是立意，一个是选题。我们倒不是指望你后面的东西做得很精细，他的成功是一种在理念发现下的独到的思维，所以我也想到了一句话，以前在念书的时候看到的文章：什么叫做艺术家，其实是城市的漂流族，去发现看似最肮脏的最恶心的，在破败的空间里面把它的潜在价值发现出来，是一般的人没有发现的。2000年后上海出现了改建老厂房，把一个老的古的建筑背后沧桑的内涵释放出来，这个地块就光芒四射了。不过这个现在做得有点群羊效应了，后面没有内涵了，我希望大家再去开发一点点，你的题目不一定很大但是一定要在一个点上。（掌声）

主持人： 我想今天各位同学听了兄弟院校老师的评述，一定获益匪浅。最后展览时间是6月5日，地点在Z58。届时四个院校所有的同学和任课老师都会汇集到我们上海大学美术学院。所以各位还要再好好努力，希望做出水平来，因为到最后展览的话每个人都有一个展示空间还有一个多月的时间大家都要好好加油。今天的中期评图因为时间关系就没有安排更多的互动，评图到此结束。我们再次对来参加评图的兄弟院校的老师表示感谢！（掌声）

那么下面我们就到美院楼下的广场合影留念！

中期评图（广州美术学院站）

主题：2010年四校联合毕业设计（后世博课题）中期评图（广州美术学院站）

时　　间：2010年4月22日（下午）
主持人：杨岩

主持人：今天非常高兴聚集毕业班的老师和兄弟院校的中央美术学院、上海大学美术学院建筑系、四川美术学院建筑艺术系的老师们，给我校今年毕业班参加四校联合毕业设计的同学进行中期作业评估。

首先欢迎三位学校老师对我们学校作指导，远到而来的老师给我们进行相关的指导，并提出宝贵的意见。

下面我直接介绍各位老师，中央美术学院的两位老师戎安、丁圆；上海大学美术学院的谢建军老师，集美组的张宁、陈斌老师；四川美术学院的李勇老师。

今天是2010年四校联合毕业设计中期评图会（广州美术学院站），关于该题目之前已收到。整个要求和安排等都发到今年毕业班集中的课题组，经过三个多月的时间，同学们完成了早期的调研、资料收集和基本的概念设计阶段，现在是一个中期。在之前早一点的时间，我们教学安排是同学们毕业论文设计，整个毕业的设计时间是比较晚的，相信同学们会努力地赶上。从最近的进度上来讲，看到了一些起色，在最关键的时刻能够请到兄弟院校的几位资深老师给我们教学提出宝贵的意见是非常难得的。

今天下午是相互的学习，也是低年级同学向高年级同学学习的机会，现在由第二组同学开始介绍方案。

第二组：赵子刚、李东辉、徐凌子

主持人：下面是老师点评时间。

谢建军：其实就这个题目，开始我们想的时候，也是一种自发的，只是觉得题目挺有趣的，后来发现这个题目非常有挑战，因为处处都可以入手，处处也比较难入手。尤其是第三个地块，我跟大家汇报一下，我们做到最后，很多同学都不敢做第三块地块的TOD模式，因为把握不住，没有这个能力，因为以TOD为导向做这件事情，主要是依据交通转型作为地块，也代表了城市的设计和交通的导向，要研究的东西非常多，交通、人流、人流的属性、地块下一步演变的可能性，因为这件事情非常的远。

谈不上点评，这是一个交流，好的方面就不说了，挑一点毛病，这组同学的分析方法非常好，从城市和世博轴，从交通的体系，从保留建筑相互的关系，然后从和周围基地的关系，要这些存在的东西，可能就要承担相应的角色，从这个范围内理解才可以入手。但是我感觉你们先设定了一个预期的目标，好像就要研究一个自行车的偏向，或者是步行网络的体系，先设定这样的结果有些牵强，所以不能先设定。

你说整个地块以交通为出发点是对的，因为世博会的工期非常紧，上海提供了很多地上地下的交通，但有些还是混乱的。我们注重在世博会后，世博会后就有回归了。

首先我想使用强度就不会很高了，其次多国展示的容量会裁减，展示的方式就会转型，以前每个国家都有一个馆，现在都拆除了，一轴四馆就会留下，其他就要拆除，但是还有一些DV或者动画在继续展示，可能有些实体有可能就会运走。我们说世博会是一个强制性的政府行为，在5.28km²这么一个宏大的地方，在全世界都是空前的，我们现在世博会做得非常辉煌，也是非常需要的，等到6个月平静下来以后要恢复一个城市。这个交通分析非常好，你分析了一轴四馆功能的转变，要研究周边建筑的关系，例如上南新村，世博会旁边就有一个住宿区，我想你要考虑重要的因素，其实就是流量，会不会像以前那么大，这是人流的属性。

判断人流里面的构成，更多可能是区域化的人，可能更多是每天经过的上班族，可能是属地化，更多是年轻人或者是小孩。有一个判断，才能想出世博后下一步怎样去转型，因为大部分的同学转型都会想我是这个一般综合体，用了自行车复活，我很难想象，这个复活对地块将来的交通到底是很好的状态，还是很不好的状态呢？我们讲自行车网络的体系就比较封闭,在一个校园区或者是在一个公园区就有自行车的体系,在城市当中的自行成为边缘一族,要复活自行车怎样去做,自行车如何跟下一步的空间形态发生关系,我没有看得非常清楚,但是分析已经有一个眉目,形态的推导到底如何,跟交通最后的能动阐述不够清楚,我就这么一点想法。

李勇: 这个同学的空间方案的做法给我印象比较深的是套路非常专业,从前期的分析,从大用地到小用地的脉络,我觉得都是非常专业的。

我也挺欣赏这位同学对城市的关注,现在叫新城市主义,特别作为城市交通的一种模式,甚至对自行车给我们城市带来以前交通方式的一种回归,我觉得这是很好的,我们学校也有一个同学也是做这个地块,同样想用自行车来做,老师在一起探讨时,有些老师就说以后都是老板骑着自行车,打工的开车,骑自行车这种方式以后对城市来说确实可能会带来一种好的状态,对城市是有贡献的。

刚刚谢老师所说的一些观念,我就不重复了,我在这儿说一点建议。

从时间的角度来说,世博会时间是比较短期的事件,对于交通来说,可能就是一个短期的行为,现在布置的交通系统为了满足一个短期漏洞人群的使用要求,可能是聚散非常厉害的交通效果。

后世博从城市的角度来说,我们在做这个地块时,实际上我们的题目是要求做一个长期轴线的规划,在这个地铁上,这个区域,这个交通方面扮演怎样的角色,或者是希望扮演怎样的角色,从城市的角度出发,这是时间的问题,还有一个角色转换的问题。

还有交通的强度会发生比较大的变化,可能在世博会期间,交通的状况在以后的城市使用当中就比较均质。

另外是人群方面,人群实际上在世博期间,参加世博会的人可能会相对占80%~90%,周围的居民就非常少地使用交通网络。我们去看世博的人可能就只占10%,城市的人群长期使用交通的情况就占80%~90%。因为人群的不同,使用的交通方式也是不同的,对世博来说,使用自行车的人就非常少,甚至是没有的,对于以后长期使用的人群来说,很有可能是会使用自行车,有些人愿意使用自行车,你的结论是分析过来的,但是很多分析是知识的结论,你应该把这个问题解决掉。

在建筑造型和建筑布局的东西上面列了一个很大的表,就有各种各样的样式,其实各种各样的样式还是要进行分类,可能从我们的设计观念出发,当然可能有这么多的样式,当然也可以考虑很多,但是考虑了很多样式之后,可能我们某些设计观念就会剔除一些部分布局的方式,这个方式在这个表格上应该要归类,第一张表格可能出了100多个,第二张表格可能就20个,第三张表格可能就只有5个了,最后选择一个最适合的,这样的话,你思维的脉络就很容易传达给人家。

丁圆: 在探讨后世博的问题上,前面两位老师提的观点就是关于转型"后"的概念,其实后世博做后阶段的时候,世博的概念就会弱化,弱化完了以后,就开始后的概念,其实就有一种单纯土地租赁的使用方式转化成对土地固有价值文化属性的再认识,这个过程其实就是要明确做这个东西的目的性。

前面分析逻辑的过程我是非常欣赏的,这完全是做规划应该具备的态度和方式,但是我们研究这样的方式,并不是我们最终的目的,我们的目的依然会落到对土地价值本身的核心上面,这块当中我感觉分析的过程基于一种形式,而没有探索到本来的目的,例如说研究交通,那么对我们来说,就有一种理性分析,刚刚看到的是一个理性的过程,但是并没有涉及真正能够认识到感性层面,举几个例子,例如速度,现在公路交通,无论是轨道交通、公共汽车(或者其中的电瓶车等)都有一个速度,在速度的前提下,我们观察周围的事物和空间是不一样的,你转换成骑自行车或者是转化成步行的时候,我们对空间的认知状态是不一样的,在此分析的过程当中,就缺少人与空间感受之间的关系。

刚刚说到价值的问题没有体现出来,很难在"后"字的点上做文章,还是会落到只是做一种形式，因为用这种形式说明我的一种改变，前面提出分析方式的时候，循环的过程当中受到评估，评估的过程是怎样的改变，这个改变是对还是不对，这是一个循环的过程，我建议真正要从这个体系上改变的时候，要加入一个评估，进行一个判断，就落到刚刚李老师提的小图上。

这张图上面可以画出更多，甚至画出n个，这个n是无穷无尽的，你为什么不画出这个，它的标准是什么？如果每个东西有一个标准，目的性强，落到后面那一张，你选择出来的形就有根据，你现在无法给我一个明确评价体系的标准，说这个是最好的，或者说这是很好的，因为建筑学上没有最好，只有比较才可以产生，往往会谈到尺度和关系，一个东西高多少为好，还是低多少为好，就有一个标准，在整个体系上建立一个为了达到某个目的的评估体系，这个体系不管完善与否，都必须存在，才可以让我们信服这种改变和判断是有理和有据的。这是一个很重要的方面。

例如说这种形式的探索，我觉得非常有意义，包括人的视觉和角度各种关系之间的比例，探索路径的问题、感受的问题，我觉得这是很好的，再往后面放一张，就感觉不出来了，你想体现的这些东西，一旦落实到建筑学层面或者空间形态上面我就感觉这跟前面的东西全部就分开了。

首先要有一个判断，在判断的过程当中产生评估，评估的过程当中得到结论，结论过程当中推导出合理的形式，这个过程符合你前面所展现给我们逻辑推演的过程，这里面做了很多的工作，我们是肯定这一点的，但是在整个推演的过程当中是否缺少了很多合理性，或者判断的体系标准。

戎安：我说几个问题，①我非常喜欢你们的工作方式，因为在国外的时候，老师特别强调要以小组为单位来做，但是实际上国外的学生也做不到，我们学校也是做不起来，你们还是比较完整的。另外一个方面在组织过程当中如何将每个人的设计思想充分地表现出来。②回到主题上，这个题目如果做TOD的话，我会马上联想到世博和世博后的问题，因为客观上上海的发展问题还是比较多的，世博的过程给人们机会考虑这些问题，你们提出了TOD，还是蛮好的，因为在本科生学生当中是比较关注的，还有研究的，甚至是使用，但是从后面的分析情况来说，没有围绕TOD的问题去考虑。可能我们假设世博后有一个后的问题，如果讨论一种对后的发展模式是相当有意义的一件事情，但是这件事情回到了一般性的讨论上，可以说你的分析表现，甚至你提出的问题从一般的工作程序上，你的套路是正确的，表达的方式是清晰的，回答的问题也提了一些点，包括造型。

问题在什么地方？我觉得最后还是要回到这个"题"上面，我不管是分析、不管是表达，不管是提出的小问题的回答，还是这种类型的分析，有你的一些造型，最后的目的就要回到题上面去，我要解决问题，问题是核心，既然提出了一个理论的观点，也就是你认为上海城市的交通就有问题，问题的所在可能不光是一个需求之间的关系，量的问题，还有一个结构的问题，因为结构的问题讨论提出TOD的问题，实际上这个问题是世博后可以讨论的，甚至在大型城市当中可以讨论的问题，这就是非常核心本质的问题，首先要解解题，世博之前是怎样的状态，世博之后是怎样的状态，城市事件其实是理论里面的一种事件，事件之前和之后联系到交通这块，其实这种研究是非常好的，但是你后来所做的工作就是没有达到这个点上，要达到这个点上才可以把这个问题解决。

另外，现在前期做了很多工作以后，你们后期的毕业设计就要落到建筑上，交通是建筑当中的一部分，这个联系体还没有看清楚，可能下一步要做一个很大的工作，怎样把你们对于交通体系的讨论和与交通建筑的关系最后结合起来，这个能够结合得很好的时候，就从某一个侧面回答了世博和世博后的问题，这就是非常好的课题。谢谢！

主持人：请我们学校的两位辅导老师陈老师和何老师。

陈瀚：回到世博的课题本身，刚刚几位老师都提得非常的到位，为同学提供了很多的思考方向。第一个是谢老师所提到的自行车广场跟交通体系的关系，是的，同学没有说清楚这个关系，没有交代清楚。第二个是李勇老师所说的世博期间和世博后如何处理的关系。第三个是丁圆老师所说的整个作业的判断体系是怎样建立起来的，没有交待清楚，我们在辅导过程当中，也强调形态的推敲是要判断的，不能这样表列出来就完了，这个过程有一点的脱节，没有表达出来是怎样推敲的。

因为我是今天才看到他们整个的过程，前期也有一些关系，我觉得几位老师的观点形成我自己对他们的一个观点，也是关于这个判断体系，世博与后世博的关系要建立起模式。

戎安：我有一个建议给同学，你做交通，要有两个环节把住，一个是外部交通，一个是内部交通，要把这两个东西按两个结构，外部交通结构分析几种体系，内部交通结构分析几种体系，最后找到结构点上再运用到世博当中。

何夏昀：其实我之前思维也是非常的发散，是今天要汇报了，才拽回来了，所以这个概念和最后的分析不算特别的对接。有一张图表现了外部交通和内部交通的关系，把到达和疏散再出发的图，就是有考虑的，但是现在这个阶段还不算是特别的完整，然后外部交通是处理了一个到达的问题，你们刚刚所说的涵盖了一周的工作量，你们的工作量其实就是左上行那几行小字上，你们的分析是重点信息没有传达出来，其他的信息非常的强，类似于你这个也是，就看不出你这张图是干什么的，到达、疏散、再出发这些表达的主次的问题，你再组织一下，其实你们是有考虑到，可能在这个阶段还不是特别的完善。

戎安：总体给我的感觉相当的不错。我们再推一下。

（广州集美组室内设计工程有限公司）张宁：我觉得现在的毕业生非常幸运，有很多老师在一起讨论，前面很多老师的意见我非常认同。

我从另外一个角度看课题，这里面就有两个关系，一个是前，一个是后，前还没有发生，我们就讲后，甚至前才刚刚开始，我听收音机说人流突然间就非常厉害，馆就要掉，其实这就是一种现象，但是世博会不单单是在中国，以前也有，其他的国家也有做过，其他的国家之后怎样做，这里面就有一个分析，就有一个参考的分析，然后就会得出后世博应该要怎样做，这里面就有一段分析在里面，可能还有一个历史，如此之后在上海这一段如何做，目的性就非常明确，首先要抛出一个目的，要有分析，在我们这个阶段，这个周期就是一个阶段性和分析性的，我们见到了很多很好的分析，先提出了目的，目的性我们要看到，然后再看到你分析的意义，最后再看到最终的结果。

（广州集美组室内设计工程有限公司）陈斌：因为往往学生做这个课题，就有一个毛病，喜欢先提出概念，再把概念套到这块地。我先想做自行车，因为老师需要分析，所以我就作分析，因为有了这块地才有了这个结果，现在题目是这块地是世博园的一块地，要干什么？就是做世博园的后期规划，后期规划的哪一个方面？其实就是交通方面，交通方面要做什么？我就提出了我的概念，我要做自行车，其实就是一、二、三、四，一般的学生就会这样，我先要做自行车，我就找了一块世博园的地，做世博园的地要怎样做，就要找很流行的因素，交通，就把这三个东西捏成一个文本，学生是这样的，我们也是这样的，所以我想希望同学们在文本的时候，首先要了解过程，这是非常重要的，要做好一个文本，要先对这块地有了解，对这块地产生的问题，这些问题有哪些点吸引你的兴趣，而且因为兴趣提出你的概念，所以就一套流程下来，不是因为你突然想吃饭，很好玩的东西，老师布置了作业就做上去，希望做了的时候一定要知道原因是什么，有原因A，分析得出一些结论，产生了B，这套方案才会非常的准，虽然老师说会脱节，因为往往是想到结果，再想一些原因来套这个结果，导致原因跟结果结合不起来。

第一组：陈巧红、郭晓丹、邝子颖

主持人： 下面又是老师的点评时间。

谢建军： 听了一个非常浪漫、非常具有想象力的故事，这是非常正面的评语，进入了一个新的建筑时代，就不会像以前一样给你一个面积就去做，这里面充满了策划，你们过了一周就会惊喜地发现，三个学校里面其实有很多同学跟你们有相似性的思考，你们的解答都有很大的漏洞，也有非常有意思的地方，这就是建筑的魅力所在。你们做得非常深入，但是我提几个比较刺激的地方，因为"反"字我接受不了，反建筑、反消费、反工作、反噪声，我们这些老师每天都是在拼命工作，偶尔也会正常地消费，偶尔也会正常地行走，这好像都是你们反对的地方，好像这个地方我们就去不了。（笑）

第一组： 我们并不是说反对的意思，因为人们所处的空间就是常规性的体验，我们就是要反常规。

谢建军： 反建筑，建筑本身就是非常庞大的概念，反建筑是反哪一个建筑，建筑就是六面体，我们不要六面体，我们住在四面体的空间里面，你这个反建筑就不知道在打谁？哪一个方面。

第一组： 其实楼市就是楼市，地板就是地板，顶棚就是顶棚，但是我没有反其他的各种形式，但是这种就是平时每天体验到的，我们要做的是平时体验不到的。

戎安： 其实他们所说的"反"是反常规的意思，我听说过一个故事，就是一个酒吧街、咖啡街全部都是厕所的形式，如果把那个区引进去还是可以接受的。

谢建军： 当然还有几个问题就要向你提出来，你的描述，大家觉得到场馆非常的累了，到这个空间就会觉得非常的宽松，你到底是世博前、世博中、还是世博后？

第一组： 无论是前还是后，A区就是商业综合发展区，人肯定是逛街，这片区域肯定是展览区，走了很久的路可能产生疲倦，所以这个地方做适当空间的针对性。

谢建军： 你们在空间提供比较虚的形态，实际上里面的功能填充得不多，其实你们更像是一个大的艺术品，我觉得你们的视觉也是不错的，当做一个大的东西去玩，好像里面就有一些具体的功能，你们就在里面走，感觉里面有一种曲线，老人行走到底是乐趣还是什么，你们要充分利用厂房提供给你的高度和尺度，工业元素作为反的一方面，有很多的工业元素进行了展示，但是功能的东西有些虚了，如果再塞进去一些功能就更好，大家玩什么，到底反了什么东西，我觉得已经做得非常深入，再加一点东西就很好了，我觉得你们可以做得再浪漫一点。

戎安： 其实你们的"反"字是从乐趣的角度寻求的，但是还是要回到原本出发点让人去享受。

谢建军： 这个城市有很多人是人们不愿意看到的，其实这是你们基础的元素，在寻找的过程当中，是否寻找非常地到位，这里面还差一些，我觉得你们还是要努力。

李勇：谢老师说得非常好，我说一点别的，我觉得同学思维的过程，思维过程首先找到一个城市的问题，再找到解决问题的方案，再去选择一个地块，最后做一个思维过程，这个思维过程好像政府决策做的事情，当然不是说这个思考脉络是错的，这个思考脉络是否是变化的一个尝试，这是第一个问题。

我跟谢老师的看法差不多，我跟谢老师不一样的就是没反着，我觉得反建筑还是一个建筑，我觉得这几个反字基本上是没有体现到反字，其实你刚刚一说到反，我就想看看到底怎样反，这跟我想的反有些不一样。

谢建军：跟我的期待还是有些距离。

李勇：我们的建筑空间，在后期的具体方案的做法上，这个东西是挺有意思的，从空间组织的角度来说，因为我看到四种颜色的空间，实际上从建筑的描述来看是一个虚拟的空间，我觉得用小火车连接就有一些多余，要不就有一些冲突，这是空间思考的方式，在四个空间的组织上就是另外一种模式，一个是顺畅的空间组合，一般来说如果用小火圈这条线索去做的话，这四个空间就比较均质，但是你这个空间就不是很均质，从空间总控的模式来讲要下一些功夫。

丁圆：我提两个意见，第一个你提出的反消费跟国家的基本政策相违背，国家要鼓励内需，扩大消费，中国的消费是不够的，要继续地消费；第二个公共空间利用效率不高，我觉得这个观察有待于进一步地完善，中国对公共空间体系，日本叫绿地的系统，兼顾了城市的空间消费，这个消费概念不光是空间，还有时间。

安全体系有很多，国家考虑非常多，例如汶川大地震，玉树大地震，在这样的体系当中，我们要考虑一下问题，就算你看到了这个空间当中好像没有人，但是如果我们对空间二十四小时进行观察，你放了照片就会发现有段时间当中，有大量的人在消费，所以我们看问题的时候，在这之前，需要一些很仔细周密的观察分析，这是我所说的两个意见。

下面一个我就落实到"反"字上面，我对反字非常感兴趣，有很多时候我也是反考虑问题，在正向思维过程当中，我们受到伦理、法律思维方式的影响，把这些打散了以后，再反过去的时候，得出很多的结论是不一样的。我们看完的反，反得不够，就从刚刚几个观念上，反建筑表现在路径上，其实这并不等于是路径，反消费等于物与物的交换，我觉得这是一种倒退，至于其他的反，我有很多不同的观点，但是想想历史上的确有很多的哲学思想，包括精神思维上面就有很多的范例，例如电影蒙太奇就把潜意识或者其他的观点融合到一起去，波兰的电影在这方面作了很多的创新。艺术院校更多的是从当代艺术或者是发展的过程当中诞生出来的派系，或者从其思维方式当中反过来探讨我们常规的思维方式，这可以大量地借鉴，我觉得反得不够，要反就彻底地反，哪怕是一个。这是我的观点。可以去考虑，因为这个题目我非常感兴趣。

我说一些小结，这个基地很适合作公共空间，你说有八个路口，你选择的基地和交通体系当中是否很便于去通达，我就举一个小例子来说，公共空间对通达的位置更容易提高一种使用的状况，第二个这是一个历史性的建筑，宝钢的特钢厂，新旧之间的关系上没有很好的体验，否则的话就不必选择。虽然选择一块地，四反加一个共享空间放进去，在新与旧之间的关系，或者在转换的过程当中，对于原有的基地和原有成分和元素并没有很好地去使用，只是你提了一个柱子有阴影，产生了复杂的关系，这不是非常重要的点，这些方面没有很好地去使用。其他就觉得挺好的，想反是可以的，但是要从反的力度探索的方面来看。

（广州集美组室内设计工程有限公司）张宁：简单说一下，我看的时候就有一些糊涂，和刚刚跟丁老师所说的一样，为什么挑这个厂干这件事情，这个目的是什么？这里面可能要稍微清晰一点，或者更清晰一点，目的是为了什么？想干一个怎样的，这肯定就要清晰一点，另外前面作了很多的交通上的分析，不知道是什么原因，这是行人的，这是公共汽车的，但是没有很清晰地描述一下这个地块将要做什么，所以这个交通将要达到怎样的目的，要有自己的需要，现在不行，以后要怎样，这里面可能需要有一定的描述，选择这个点以后，宝钢厂本身以前的历史是怎样的，建筑特点是怎样的，我们将要怎样地去用，这里面应该有一个简单的解说，后期看起来就有一个关系，之前你呈现出来室内的关系，我想这其中有三个优点一定要非常清楚地说出来，你里面所体现空间的项目，刚刚有很多老师所说的，以后的项目是怎样的内容，这个内容跟你们的商业策划或者是跟文化是否有关系，你的来源是怎样的？应该就有一个基本的内容。

第二个是建筑，建筑的实验性是非常强的，包括刚刚提到反建筑，从建筑的空间里面提出了很多理念，包括一些想法空间的表现。

第三个是这里面人的行为，跟建筑的体现和空间的内容策划其实是联系在一起的，我们听完了以后只是感觉你在玩弄这个空间，在玩弄这种理念，或者是玩弄这种建筑，最多就是停留在这层上，我们还没有看到最后的目的是什么？意义是在哪里？

戎安：我仔细听了郭晓丹的讲述，逻辑性是有的，开始从城市的问题说到上海的问题，抓的是公共空间的概念，就是想做一个开放式的，从公共空间的需求点来讲，分析了状态对路径研究，我觉得你对"反"的理解是现有的规则，但是这个提法要巧妙一些，艺术有的时候不影响思维，西方搞了一些街道的行为艺术，都已经是反思维的，其实我觉得作为创造的灵感是可以运用的，提法就是反过来让更多的人可以接受。

因为你是一个娱乐的场所，是一个公共的场所，娱乐场所和公共场所，当然希望做好了以后就有更多的人去，没有去过，听说这个地方非要

去，这就是设计的成功，也就是刚刚所说的策划，策划的时候就要有为大众服务的心理，怎样能够最大限度地让受众能够接受你，而且吸引受众，这可能要做一些工作。另外，在这些基础上，你反过来作为公共流动的场地，艺术创造和科学之间是互相支撑的关系，艺术给了科学一个翅膀，让你可以任意地飞翔，科学给了艺术可以飞翔的能力，就是这样的关系，一旦提出了这个思想以后，科学前期的分析，这个分析还是要集中在人，人的人流，人群怎样走，包括对人消费的分析尽管反，反的是一种是趣味的说法，但是我们面对的问题还是要解决，现在的建筑人不喜欢了，我怎样做让人喜欢的建筑，世博有很多建筑的意义和形象已经不是传统习以为常的方式，这些东西就拿出来作为一个展望，我觉得这个灵感是比较好的，包括消费，因为消费方式可以转变，文化创意产品这两个提得越来越厉害，文化创意产业更重要的是转变人的消费观念，用新的消费观念和新的消费形势和新的消费形象吸引更多消费推动社会的发展，因为消费是市场中间运作的，包括我工作的方式，包括对现在的环境。

你在做的时候，我和丁老师的想法一样，就再让它趣味化一些，趣味化再多一些，再活跃一些，你说找到更有乐趣的东西来做这个公共空间，共享的空间、运用的空间，趣味性、安全性和舒适性，有很多可以跟艺术很好地结合，这是不能够退步的，因为消费的群体很可能是老年人，是父母、小孩，这些细节上，因为做艺术设计跟人的关系就更近。谢谢大家！

丁圆：其实这五个色块所做的空间上为什么这么来分呢？

第一组：我之前也说过，从进入到宝钢厂位置，其实就是A入口、B入口、C入口已经走过了很长的一段路才可以到达这个位置的人群。

何夏昀：应该顺过来放。

第一组： 其实这三个人群往这边走的时候是经过的很长的路途，因此这三个空间，黄色的空间和红色的空间，这两个空间是相对比较小的，也就是说比较地直达主题的，就会让他们在有限的体量和精力的情况下游览整个空间。

丁圆： 反建筑、消费、工作噪声，之间没有必然的逻辑关系，在组织区划的时候，不赋予它一定的意图，就是一个组合，完全可以打散，因为路径非常地远才到达这个路口，那不能做其他的，这本身之间就没有所谓，例如把绿的跟黄的换一下。

第一组： 其实就是反工作本身就是像工作空间，偏向于小，我们想做颠覆性的工作室，所以取的空间是偏小的，建筑是属于大空间。如果工作室还是一个工作室，就没有反，我觉得建筑反而是一种小空间，完全可以走这种路径，我完全可以让你重新来做。这种概念在这里面有所体现。其实反噪声为什么选择在地下空间，因为声音在往上散，所以说下面的空间相对静很多，加长是水域，是最佳的适合做反噪声的地方。

谢建军： 这跟其他接近水面的或者是低层的，例如架空楼层底下有什么区别？你不能拿这种反工作、反消费、反建筑、反噪声来分割空间，这只是你的概念，你拿出来分空间就觉得非常的怪。

第一组： 因为之前就是这四个方向。

李勇： 从结构上来看没有反成。

丁圆： 从建筑的角度来说，按照传统的功能分区，按照路径，把这个功能放进去，从这个角度来看，你完全走的是常规的逻辑，用常规的逻辑方式来做反思维的概念，就有一点问题。

陈瀚： 这一组概念非常好，反城市状态，其实在景观里面的概念非常好，但是我觉得你应该要思考一下反工作是怎么回事，工作是什么东西？工作是什么状态，工作是压力，工作可能是忙碌的，工作是其他的，那么反面是什么？压力可能在空间里面释放，让人觉得要释放压力，让人觉得它可能不那么忙碌，慢下来的感觉，这是反工作的，空间的语言如何体现反工作，我觉得前面的概念和后面空间的生成稍微有些脱节，你缺乏一种空间的手段体现反概念的本身。

另外，反建筑，建筑是什么？也没有在建筑里面说明，建筑是人的庇护所还是怎样呢？可能你要用空间的语言有的概念，用自然的一面体现反建筑的概念，可能就是你必须有这种语言的出现，要有空间的语汇出现，反消费什么？物与物互换也是消费。丁老师在日本体验社会主义的农庄的模式，还是怎样的模式，就进行了反消费，其实这才是空间的语言体现概念的本身，另外一个是反噪声，就可以用写文章的手法，噪声就是闹，没有静的对比，噪声和反噪声的关系如何用空间去体验？用对比的空间语言去体现也是可以的。

因此我觉得这个概念是非常有意思的，如果这个做得好是非常好概念的建筑，也可能是好概念的构筑物。我就提这么几点可以深入的方式。

戎安： 还有一个体验层面就是重新的体验，例如做波特曼花园，所有人进去以后就犯晕，很多人就找不到方向感，其实是东西倒过来，人进去了以后天翻地覆，这个东西做进去了以后非常有意思。

（广州集美组室内设计工程有限公司）张宁： 这两个要结合，现在主要是停留在空间上，其实就是五个反，空间上提五个反的力度不够，从项目里面切入更多的体现，具体的内容就会更加到位一些。

主持人：今天从头到尾，两点钟开始到现在，经过了这么一个评估，让我感觉到的确讲了非常多。虽然短短的一个下午，但是各位老师那种非常独到的见解是十几年的专业积累，现在这种素养集中起来，在焦点的问题上给予我们的学生，这是非常难得的，老师们都争着表达观点，我感觉非常的难得，我想在座的同学会为咱们老师而感动。

我发现老师谈到一个非常宏观的观念，一个态度，一个主流的价值，一个专业价值，小到一个洗手间切割多几个坑位，这几个技术的问题都谈谈，这也是在目前专业教学上比较少见的，也是比较难的，要不就非常的具体，要不就非常的宏观，这两个方面都照顾到，短短几个小时大家的评估，我感觉是非常有特色的。

现在广州美术学院是建筑与环境的艺术，各位老师都是建筑学院的，我们从过去门槛不高、技术含量不高的环艺到现在的招牌是挂了建筑，有些一级学科的趣味，我们不谈其他的，这几轮的合作过程当中，使得我们重新觉得这是非常有意思的一件事情，从建筑设计转到艺术设计思维，两个之间的差异和碰撞之前就会产生很多的火花，大家知道建筑走远一点就是艺术院校的建筑，走到工科院校的建筑，思维层次可能不一样，套路和严谨度和规范度不一样，将来就有很多调侃的东西，有很多有趣味的东西，有很多非建筑主流的思维方式进来了，我们笑自己老师无知无畏，我不懂所以够胆做，正因为我不懂，所以我什么都敢做，你懂就什么都不敢做什么，我请的一个院长做长沙大型的博物馆，谈完了建筑方案，最后留出了两句话，至于说室内，将来留给室内专业的人去做，至于说景观，我们后续也有配备景观专业的人去完成，就留出两句话，我感觉可能是工科意义上成长起来的设计师，感觉自己的专业没有跨过去，反过来艺术院校成长起来的设计师也好、老师也好，什么都揽上身，我景观设计也行，我分包给谁是后话，这样就跟所说的无知者无畏也是非常对接的，因为这样的思维底下，我们讨论的问题，学生的作业，包括前几届看到的远远不局限于我们所认知的建筑专业，我们的设计理直气壮迁移到整个项目的策划、业态的开发、行为的模式，到整个技术的支撑、后期的维护、市场的投入、社会价值等多种多样的产业链、观念链、专业链当中，收设计费是买一送十的概念。我们跨越到设计界之外的活，现在呈现的方式，有很多都是慢慢离专业越来越远了，离项目的终端的思维越来越近了，解决问题的方式，全部都是项目所需的相关内容，行业有一个趋向，行业是收多少钱干多少的活，室内就留给室内，还有管理上和报批上的局限，我们院校的学生可以跨得非常远，至于市场怎样跟思维对接，收取应该得的那部分费用，我感觉世界有公理，同学们做这件事情不会吃亏的，你想多了不会赔本的，因为你还年轻，你有这个资本和这个能力去做，我想这也让我们项目的概念越来越清晰。这个是建筑，这个室内，横向可能是越来越倾斜，我的工作阶段是概念的设计，我的工作阶段是方案的设计，我的工作阶段是深化的设计，是非常符合主流的国际标准，可能同学在观念上和思维工作方式上就会随着我们的联合毕业设计，有更多的思想火花的碰撞，大家讨论的问题之后就有很清晰的调整。

所以我想到这是专业横向的概率。

另外一个是围绕着大家做世博也好，做咱们的服务站也好，慢慢的是对某一种更多谈的切入点是对业态的开发，今天的第一组跟第二组其实说的是一个城市的公共项目，其实这两个都是城市的公共项目，都是非常值得喜欢的，我们都是做两个城市的公共项目，这两个公共项目之间，本身城市公共项目业态开始的积极性是非常低的，本来市场的开发是以商业兴开发为主，景观设计都是从房地产开始的，过去的公园市政的景观滞后了几十年，整个新的概念就跟整个房地产的园林，使得我们重新对景观的认识，对人与环境的认识就有深入的理解，核心问题就是来钱就有动力的，反过来院校应当负责一些所谓的专业社会责任，不拿钱也有动力，包括世博，本身都不是小市民想的，都是政府想的，都是大院想的，作为个体的设计师和个体的院校，我们跨越到后世博大的公共话题，跨到大的交通道路、网络文化等单元的思考问题，我想这既是一个非常特别的个案，也是一个非常有意义的个案，所以我个人认为，正因为这样的话题，一般过去很少人有很深的深度,但是通过这几个项目,从业态的转型,从业态的开发,包括反建筑也好、包括交通和自行车也好等一些话题,都是从业态来产生新的变化,通过业态来改变,通过业态的开发找到建筑形式和建筑技术资源利用等的一些东西,这样的话,我感觉也是在将来后续的工作当中加以总结的。

另外从行为上来讲,通过开发,行为的模式产生怎样新的变化,这样一块变化之后应对了怎样的设计本质。行为上解决问题的能力,其实就是泛设计本身的东西,我想今天也探讨非常多。

最后,过去只是讲单一的形式,一讲到形式,建筑造型怎样,建筑材料怎样,建筑原料怎样都是围绕着非常狭义的形式的概念,如果我们把今天世博的概念、高速公路服务站的概念,以一个信息传达的角度去看我们形式的时候,可能领域就更加的宽广,涵盖的东西就更多,表达的手段更丰富,包括张老师所讲的,我们很远就见到一个房子,就见到一个加油站,提供怎样的可以停留的信息,凡是加油站就可以停留,从20世纪90年代开始,路上加油站承担了洗手间的功能,我不加油就可以到洗手间,这就明显停下来转换信息,这种信息在新的服务系统里面通过怎样的语言,通过怎样的材料结构,通过怎样的服务装置,给我们提供了一个新的信息可能,这种信息多种多样,有地域性、国际性、通用性,包括新的城乡林立关系的建筑形态,可能也给了我们一个新道路系统的信息,我们从这个角度理解信息时,这个范围就非常的广,就绝对不仅仅是一个图案的元素,也不是一会儿能够谈得清楚的事情。

我想到这几点,通过这个设计组,我们两个小组,有那么多的老师的指点,我相信在后面的20天的时间里面,再通过同学们的努力,我相信会有一个很好的质量,向各位老师们作出最后的汇报。

最后一点,我特别要感谢我们的同学,因为我们知道,你看到表面上风风光光,表面漂亮的西装可能是两天穿起来的,我们这种就是以评促建,有评的要求和形式就给同学们带来一个建的东西,这两天同学都非常勤劳,我看着个别的同学心急,我也心急,这是不容易的事情,人在其中的时候,每个人付出都希望得到比较好的回报,这种回报作为同学是不谈钱,只谈给予一个肯定和方向,得到了肯定会流出热泪,这个热泪我个人理解不是悲伤的,而是喜泪盈眶的感觉,触及人们心灵的深处,我相信后续的时间通过感动就有更多的火花。

第二个感谢,通过这次又认识了一批新的老师,几个院校支持我们的教学,我们更有底气,我们有四川美术学院,有兄弟院校的支持,这样就更加踏实,可以广结人缘,专门跑到四川去请李老师好像不好意思,我们现在就有充足的理由,将来常来常往打一个交道,同学们通过老师之间的提点,我们也是在进步,也是在学习,不断吸取每位老师优秀的专业的经验,使我们变得充实。如果一个人总有后劲不足的时候,我希望把后劲不足留给90岁以后,不要30岁就后劲不足了。

再次欢迎远道而来的老师。(掌声)

吴广陵: 我是《新建筑》杂志的编辑,这个活动今年就不是第一届了,前面就有一届了,从今年开始是一个开头,我们杂志社基本上全程跟踪一下这样的活动,昨天上海大学美术学院,今天广州美术学院,后天四川美术学院又会参加,我们杂志上也做了海报和宣传,后期也有跟踪的报道,因为我们杂志做了这个活动,我们是媒体,在这段时间内,像这样的美院专业做这样的活动,我还是第一次参加,我之前参加的学术活动都是工科的建筑专业,给我们的感觉就完全不一样,完全更加活跃一些,建筑给人感觉就更加的活泼,就有一种很全新的感觉,我就希望学科的交流,大家应该努力去做,我作为一个媒体人来说,希望以后美院的建筑和工科的建筑就有经常性的交流和互动,其实这对双方都有好处。

其实我私底下跟杨老师都交流过,我希望在座的学生也一样,如果需要在专业的期刊上面发表自己的作品或者是一些想法,我们可能会尽到我们做编辑的能力去帮你们进行一些完善,我们杂志社里面编辑人员都是学建筑的,而且对稿件的审核也是挺严格的,在我们这边投稿的一些作者有的时候,看到老师的意见也可以得到很多的启发。后期在杂志上面的报道,我希望今天做出这些方案的同学能够有比较优秀的作品刊登在我们的杂志上，我们会挑选出最优秀的在上面刊登，各位老师的评语也会在杂志上刊登，以后延续性的工作也会继续报道下去，也算是为活动作一个宣传，同时做一些媒体应该做的事情。就讲这些。

主持人： 今天会议到此结束，谢谢各位老师和同学，接下来是合影的时间。

中期评图（四川美术学院站）

主 题：2010四校联合毕业设计（后世博课题）中期评图（四川美术学院站）

时 间：2010年4月25日上午
主持人：黄耘

主持人：我先给大家介绍一下，这次评图的四个学校的老师，来自上海大学美术学院建筑系的系主任王海松老师。第二位是来自中央美术学院的戎安老师。第三位是来自广州美术学院建筑与环境艺术设计系的陈老师。谢老师是来自上海大学美术学院的。何老师是来自广州美术学院的。今天我们将这样来进行，每组同学10分钟。我们一共有7组，每两组完了以后由老师点评。因此请大家要掌握好时间，特别是两个同学分别阐述的时间自己要协调。之后是我们的老师点评，原则上控制在40分钟以内，每两组汇报完了以后老师们集中评图。

戎安：第一组同学是周涛和卢燕武，他们讲的是废墟中的废墟，我从他们整个设计里面，我觉得他们第一阶段对释题的工作做得非常好，他们综合性地研究了这个题目的背景和对这个题目内在含义的解读，这好像是我们这几天评图以来感觉最好的。好多同学都一下切入到设计上了，但是这两组同学把题目解读做得非常好。

在解读的过程中他们就找到自己对题目的切入点，这两组同学都有这个特点。这个同学找到的就是宝钢的废墟和世博的废墟。他的意思就是原来宝钢是工业的，作为世博就变成废墟了，世博之后又面临一个很短暂的时间又要重新开始，这个非常生动。从解读以后他没有停留在简单的切入里面，又进一步延伸到废墟回到生命周期的考虑。提出工业的生命周期，世博的生命周期和后世博后面是开放的这样一个生命周期，这些都是非常好的东西。

第一组在解读完了以后，他们开始进入立意的阶段。这个立意的提出也非常好，是建筑的消隐和自然的回归，对废墟和生命周期的理解提出了自己很好的设计立意。遗憾的是在设计立意到构思的时候，构思的过程中就直接出现了一个形式，就是波浪式和打碎的形式，好像是两个方案，这中间缺了一个很重要的环节，就是你从意向的思维，到形式中间应该有一个原形的出现。

第二组同学也很快地从前面的教育大众，展望未来这样一个对世博的解读回到一个非常重要的主题，是我们建筑师往往会忘掉的东西，他们提出人是城市的建设者。人在城市中的作用和世博会给人留下什么，这是一个对比的回答，这个问题提出得非常好。紧接着就是他们对后世博给了一个定义，这是到目前为止所有的小组没有认真去定义的。落脚点是落在连续性的探索，这一块使这一组的同学思想有一个很好的发展基础。是他们的趋势非常好，提出他们的基本立意是传承、延续和渗透，这三个基本的设计要点，也是他们的立意点，之后想落到环保、人类科技、自然，到此为止我都认为他们是非常好的。又提出这个载体问题，从形而上的讨论就不进入形而下的讨论了。还有就是磁化这个问题，为什么要磁化，这个磁化以后有一个指向性。但是缺点就是跟第一组同学一样，这个磁化的过程中构思还是不能够代替原形，前面铺垫得很好，但是没有去最能够表达这个东西的原形关系，这个跨度一下太大，中间实际的设计思维不连续。但是基础非常好。

王海松：两组同学的介绍都有有趣的观点和概念在里面。这个来自于他们对世博会的有关资料和信息的搜集和整理。看得出两组同学对前期资料的梳理工作都做得比较好。第一组同学的概念是废墟中的废墟，这个词听上去很消极，他们的做法却是很积极，他们是作为生命周期的一个考虑，觉得废墟是生命当中的一个环节。我也理解世博会结束以后大概70%～80%的房子都要被拆除，确实是废墟。他们提出建筑消隐和自然回归。在上海世博会我觉得不可能很快恢复为一个绿地，我觉得可能是世博会消隐，城市恢复。因为它是一个城市中心区，放在这一块地方也就是希望通过世博会的开发利用带动城区内以前啃不动的骨头，世博会这个契机让这个地方有了新的机会，世博会以后会给这块地区带来很宝贵的有很高利用价值的机会。我觉得重新回归到自然可能有点站不住脚。

第二点我觉得两个方案都比较有意思，体现了重庆的特色，在局部不排除可以这样做，整个世博会的场馆不可能建筑消隐、自然回归，但是你在宝钢大舞台这块地把概念注入进去很可以。我觉得欠缺的是看不出这个房子实际的功能是什么，有一张图就是这个怎么走，是一个穿越，从大的方面可以这么说，但是这个房子的具体利用还是要给它具体的功能，有很多墙、很多屋顶，这些怎么利用。我觉得第二组同学的概念就比较实，把什么东西放在哪里。我觉得第一组同学概念很好，但是要看怎么落地。

第二组同学的概念我觉得他们紧紧抓住环保的理念，他们对后世博有自己的定义，不是一个简单的时间概念，是有关一系列连续性的改造和后续利用，我觉得一系列、连续性用得很好。他把后世博看做一个系统，一个连续性的事件。最后他们把这个房子比喻成一个磁场，是一个低碳的再利用的磁场，这个概念也很好，我们是想不出来的。学生的想象力跟他们的活跃程度可以带来很有趣的概念。里面放一些集装箱这些，你的低碳回收其实还应该有一些特别的东西，你何不把这个房子或者这栋房子要表现低碳就把它表现世博会的低碳，你可以做一个低碳的博物馆，世博会期间、包括拆除利用等这些过程中低碳的东西都可以放在里面。你可以把后世博的所有低碳、事件、利用方法、利用技术，这些放进去。我觉得有形的东西不重要，如果你把所有跟世博有关的环保的东西放在里面，你就定义为一个后世博的概念。而且可以留下一定的空间去记录后世博期间怎么利用等，可以把一系列的东西都融入展厅里面。第二组的同学如果能够放开一点，这是一个很好的方法。

陈瀚：前面两位老师都有很正面的赞扬，我这里可能就提一些其他的观点，让大家去思考，去分享。

我觉得第一组的概念提得有点奇怪，是废墟中的废墟，它是一个世博后的定位，不是设计的思考，为什么这么说？从废墟这个词来说是一个废置的场所。这个方案也有提到说重新建立一种新的价值体系，是一个生物的周期系统。这里提废墟中的废墟应该是前期方案分析中的一个定位，并不是我们纸上设计一个最终的思考，在这里会有一点牵强，如果说做一个大的主题会有一点牵强。

还可以思考另外一个层面的问题，就是废墟代表了什么，我觉得分析当中没有一个很具体的方式去思考这个问题，是说生命的周期代表了什么，置换到宝钢大舞台这个平台里面怎么体现，如果说我们纯粹以废墟的方式去体现一种颓废或者是破碎的场所的表象，我觉得可能会与整个世博后的主题有所相悖。关于废墟的思考还可以再进一步，不一定停留在废墟的表象当中，而去思考这个废墟背后的各种关系，或者是人与自然，或者是人与城市，自然与城市之间的关系。换到更加具体的一个问题上，就是我跟王老师的观点有一点一致，宝钢大舞台面临重新定位的问题，并不是纯粹地做一个形态，可能同学们还没到那一步，可能形态再进一步地介入，工作方法上面是这样。我觉得还是面临重新思考功能的改变，可能会有另外的经营模式的改变，形成一个新的建筑形态，从整个思考过程当中，需要进一步思考整个概念。

第二组的同学提出传承、延续、渗透，这些递进关系的词很好。但是对于延续这一点，这里面写的延续是说一个新的模式的产生，新的模式的产生也是一种环保的精神，在这里归根到底最后呈现出来的一个概念里面集装箱或者是纸的回收我觉得有一点牵强，是跟环境保护，在台湾的提法叫环境保育，这也是同样提出一个问题就是说保护的同时我们也要孕育一个新的东西出来，跟你的主题相呼应。新的模式的产生并不一定是集装箱或者是纸回收，还可以有其他的信息，或者这个建筑是某种主题，贯穿之下产生一种对人影响的信息传播，提醒人对环保的一种关注，这个建筑传播的功能也可以从这一点出发思考一下。我们不一定是面面俱到，可能只是说我们在宝钢大舞台这个平台上面如何去传播这种环境保护的思考，这个思考本身我觉得没必要全部的东西都放进去，可以利用场地本身的特点，包括它与周边的关系，我们实实在在地去思考一下整个场地对世博后的延续,包括我们这一组提出的环境保护的思考。包括环保、回收等方面的思考,我们可能落在某个点上,并不是一个全部的回收科技、环保科技都放在这里面,这也很困难。可以在这个建筑特色本身场地特色、人流特色、区位特色、业态特色等,这样可以延续出来我们要做什么点,然后具体把空间去表达出来。

谢建军:我也讲一点看法。一开始就听到第一方案废墟中的废墟,我感觉心情比较沉重,因为废墟可能我近年来可以体会的就是地震带来的这种。这是我要引出的一个引子。首先概念的提出要把它说得很清楚,废墟给我们很多方面的猜疑,有的觉得是一种很阳光的想法,有的会觉得是不是对这个世界有负面的批判,就是解题不够清晰,还可以表述得清晰一点,到底你是批判的、是否定的、还是中间的,你要讲得更清楚。

但是从后面方案的推进看,可能是批判性为主,用的是下沉的庭院、拆除的屋顶,提出这种建筑消隐、自然回归可能批判性强一点。这是一个趋势,很多同学拿出来以宝钢大舞台或者是世博会为主题都是强调自然回归的生态的。有的画的是一个猴子上树,很浪漫的一种回归,还有的要回到农业的形式,说明这是大家的一种共鸣,都期待一种生态的可持续的低碳的环境。也很符合我们的时代的节奏,可能你们想得有一点大而化之,没有把它限定得更小一点。所以我有一些方法,你们这个方法你们是出概念这个状态,大家的概念都会很有意思,这个概念稍微精练一点,明确一点,这个废墟到底是什么意思。第二就是要结合你所选的场地,对宝钢大舞台的空间特性,它的面积,和城市周边的路网接轨情况怎么样,这些数据可能少一点。对它的过去、当前、未来的这种思考少一点,不明确。对它的场所,具体的建筑场所要有针对性地去做一些设计。比如它的空间结构怎么再用,拆了屋顶到底打造什么样的东西,哪一部分可以转化,很多同学都提出要置换、要插入,但是具体怎么做,缺少具体的对场所的解答。

由于你有了这个场所的设计才会有功能的推入,你们的内容比较空,没有一个实体的功能,比较具体一点的功能没有。有了前面这三条你才能完成一个空间比较恰当的转化。只有你的概念清楚,场所针对性很强,功能比较明确,最后我的空间要转化成一种什么形式这是我们的一种理解,然后才有形式的生成。第一组的方案二是生长和蔓延,都很好,但是就是中间缺少一种细腻的概念到场所精神到功能进入,这些东西少,直接就到了形式上。第一组下沉那个也很好,让建筑消隐也是很好的一种方式,但是你们的过程相对来讲有点不生动。

第二组,讲的是一种传承、延续、渗透,也是体现了生活、环保要吸入一些,然后把它磁化,通过认识到实践的过程,能够宣扬一种低碳的生活,也是偏概念化了,概念、场所、功能最后到空间的转化再到表皮形成这样才更有血有肉一点。

何夏昀:我的想法也是跟前面几位老师比较像。所以我在这里也是提一下,同学们这些概念都很活跃,就是对世博有了自我的见解,但是概念如何落地,一定要将概念进行一些细分。就是类似于谢老师说的,建筑功能形态这些概念如何选择一个建筑类型,就是选择一个商业展示性的,还是一个纯文化展示性的,这个要考虑一下。另外就是废墟,我认为如果你没有在建筑类型上有一个好的定位,你这个建筑最后的确会变成一个废墟,并不吻合这个地块,没有人使用,就成为一个真正的废墟,如何避免它成为废墟,你们应该有自己的考虑。

第二组的同学概念非常生动,但是最后的表达形式感可能稍微弱一点。其实设计师做的是世界上最难的事情,你要把自己的理念塞到别人的脑袋里面,还要从使用者这里掏出钱,人家是否愿意被你磁化,你要想一下如何把你的理念塞进别人的脑子里,而且又让别人愿意到你的空间去。你们提出了生活的场所、生产的场所等都是很虚,我不知道你的空间要组织什么,下一个阶段可以深化。

戎安:现在一个比较时髦的话叫怎么把制造变成创造,其实我们这是最后一个环节,可能要掌握一点建筑师如何把制造变成创造这样一个过程。其中有一个非常重要的和产品设计不同的，产品设计往往是市场需求，再到理念，是这样的过程，但是建筑可能有一个非常重要的环境，包括景观都是这样，它脱离不了大地和现有的存在，这个设计里面稍有遗憾的是，你们前期的概念做得很好，但是对于场地的分析上，场地现有状况的分析上，还有建筑分析上面，这可能是做得比较少的。

王海松： 第二组的同学你可不可以告诉我两句话，怎么解决空间和文化的并置，怎么落地？

回答： 不同文化下的行为依托所在的空间来表现。

王海松： 这两组很类似，借用了一些其他学科的观念来比喻他们的建筑。第一组是把世博会看做一个装置艺术，在后面的设计当中也想加入这个理念。第二组同学反复强调文化并置这些。我觉得引入其他艺术门类或者某种形式来解释你的建筑概念是一种很好的方法，但是这个用到一个什么样的程度最后还是要落到你要做一个建筑，做一个要具体功能、具体实际的建筑，如果你说我这个建筑承载文化就不太好。一定要有具体的东西。第一组的同学我还是有点疑问，你们到底是把这个房子本身当做装置艺术，还是把这个房子做成装置艺术的载体？它本身可以是个装置艺术，也可以理念再承载装置艺术。你们都很善于开启一个很大的概念，但是这个概念开启以后往里走的时候可能有一点混，到最后也没走出去。我其实有一点质疑这个概念，你把它看成什么都好，都没有问题，但是你怎么解释你这个具体的问题，你不能说我这个是一个装置，是一个史诗，是一个画卷。别人听不懂，你一定要有具体的东西。第二组的同学文化的纠缠这些出现很多非线性的东西，但是我不知道你这个具体的有多少空间，能容纳多少人活动。可能这是你们的弱点，作为一个概念的展览，撇开毕业设计的概念，我们只是针对世博会的概念作一个见解，这样可以，但是作为建筑的设计，我们还有很多东西要落到实际上去。

陈瀚： 第一组的同学，世博会的一个印记他不停地在提，做了一个有印记的东西，但是我觉得提法很好，每届世博会都会留下相关的印记，上海世博会我们留下什么印记，这个思考过程没有提出一个很具体的东西。这个思考到底是什么，一个理念还是对后工业化我们国家在这个大的环境下举办这个大的博览会之后留下这个地我们做什么样的思考，我们做什么样的印记，是一个行为上的还是理念上的印记？从世博会发展的大线上来看，如果是构筑物上的印记我觉得会非常牵强，跟我们世博的理念也有所相悖。我觉得这个是必须提出一个思考的。这个地块本身是白莲泾地块，这个特点可以提供到我们做什么样的印记，也可以去思考一下，推进一下这个概念，把它空间化的语言表达出来。

第二组我觉得更像一个大型的公共性的雕塑。我不是贬义，这个方案给人的感觉我很喜欢，但是没有人的活动，没有功能，没有其他的植入，我觉得概念的提出也可以探讨一下，在这里提倡的是一个多样性的文化，我觉得列了很多关键词，这个关键词的过程可以再抽取一下，比方说我单纯抽取的交往、借鉴的方式，或者是交叉、并置的方式，我们做一个空间的形态，我们不需要解决太多的东西。概念的提出你们是在后世博的基础上理解这个方式，比如说我需要各个国家之间的交往，或者文化之间的交往，或是借鉴的关系，或者是我需要人与人的行为交往的一个方式，或者是国家发展理念的一种，或者是我们行为方式、生活方式的交叉或者并置。在这个空间当中，或者是根据这个地块的本身特点，我们提出一个具体的，或者是指向性更强的一个概念，往里面推进，这样对空间的新的功能的置入可能会有所帮助。

另外就是说我看那个形式本身很好，这种提法，流线型建筑，相信大家都很熟悉扎哈，她是一个很有名的设计师，她是强制性的，你选择了我就是选择了我的风格，她可以强制化。但是我们作为现阶段的概念就是我们对于地块、人群、功能必须认真思考它的形体。我觉得形态本身在分散、再集中、再分散，对于白莲泾这个地方分析是有帮助的。但是没有对过去白莲泾码头式的集中、分散，现在可能是世博会的集中、分散，后世博之后分散、集中、分散，三者之间的区别，包括我们理解性的探讨，再具体到最后的时候，我们对于将来后世博之后这个分散、集中、分散这种空间形态如何具体化的理解和体现，还是有尺度、功能、人的行为介入，包括空间大的定位介入会更具体一点，包括对我们的学习还有以后的工作也有帮助。

谢建军：我的观点和前面的老师有些不大相同，我非常喜欢这两组设计。尤其第四组，站在文化这么一个高度来思考这个设计。你把文化关注到建筑的形态是一个误区，你这个方案拿开两部分来看都非常好，你如果不说前面的概念，你做那么一个空间的起伏感等非常好。但是你就是前面把自己交织进去了，出不来了，我一定要象征这个多元文化，这么复杂的文化怎么搞，两回事。你的建筑很好，功能还要再去想想。

里面还有一些小的错误，比如说两江交汇，所以提炼出来交叉的图示，还有从水的形态中提取了波浪形的构图，把很多的要素从大自然的图案中就提取出来。所以我觉得就是解脱不出来，很痛苦，就是在思考。这是一种很可爱很可敬的状态。我也不排斥你说装置艺术、载体这些。我所关注的就是还是要慢慢地沉下来把这方案里面的血和肉都要填进去。不要被文化所累。

戎安：这个组我看了以后，第二组的同学，包括第一组的同学还是有一个很深的印象，你们可以很快地把自己的概念变成抽象的草图，用抽象的草图来分析，这是有特色的一点。但是同时就出现了一个问题，我们建筑学的创作过程还是要解决一些问题。要解决哪些问题呢？比如说要解决场地的问题，比如说要解决现有存在的这些地形地貌问题。在建筑学的发展历程中，它的研究也有几千年的历史了，形成了一个完整的思维系统，这个和操作系统和工作方法还是有一定的规范性的。我们希望更多的艺术审美和这些思维进去，但是不能替代这个工作，所以我觉得这一组同学有一个最大的问题，很多东西在你们所形成的这个形式、语言中在循环，但和你要完成的这个本体之间不搭接，不知道具体要表达什么。装置艺术形成一个逻辑以后在里面转。还有一个很大的问题就是你作了那么多的研究，你的结论不是在研究结束时产生的，而是在研究开始的时候就有了，这个结论是一开始就给了。像前面就是说我要做一个空壳，我把所有的东西装进空壳里面去，你所有的东西都在为你这个空壳服务，而不是这个空壳为你所研究的东西服务。就发生了逻辑上的本末倒置的错误。

第二个同学也是，他一开始就给了一个形式，而把这个形式变成一个抽象符号，再论证了所有的思维。最后就出现了一个状况，实际上整个过程都还没有进入到设计里面去，这是一个问题。

何夏昀：这两组其实是概念和形式分开来说都是比较好的，我有一个想法试着把第三组的大型装置艺术的概念换到第四组，把第四组的结果放到第三组，把第三组的结果放到第四组。第四组的曲线把它换过来还很吻合。你要看看概念跟形态的对接是否恰当。另外就是说现代主义一直提倡形式追随功能，你们这两个方案都让我想到了形式追随理念，这个当中你把功能放到了什么位置，土地怎么利用都需要加强。第四组就是你这个形态生成和分析的联系在哪里，这一点需要更加完善。

陈瀚：我们传统的做法，从功能包括从尺度等方面出来也未必是一定要这样走，从概念包括形态出发去往下走，也是一种方法，但是也要注意衔接关系，包括概念、整个形态的生成，最后如何把功能强制性地加入进去，也是一种方式。这种路径也未必见得一定要从功能出发，这两组同学可能是先把大的一个形态生成了，然后再介入功能，我觉得也可以。扎哈建筑的形态很漂亮,大家去看功能也是很清楚的。我觉得路径可以这样走,但是必须注意如何衔接这种关系。

戎安:这里面我还是要强调建筑在设计里面还有一个很重要的工作要做,寻找一种秩序,最早提出来建筑的一个很根本的功能在寻找人的世界和宇宙之间的一种关系。到了中世纪,关于这种关系有一张有意思的图,上帝在画一张图,底下这个世界是一个混沌的环境,他用一个圆规在画,他要给这个世界一种秩序。我们在寻找后世博,也在寻找一个新的发展秩序。这实际上是对新的观念的机会,世博之后哪些观念能留下,是我们更好地、更科学地管理这种富裕,还是我们非常放肆、非常挥霍地使用这些富裕。我觉得我们同学不要简单地去学一些大师,要更多地了解建筑本来的含义,我们将给人们带来一种生活秩序,我们有这样的责任感。其实世博给了我们一个机会来讨论这个事情,我们将给社会带来一个什么样的秩序。

戎安:这组同学,第五组同学的第五印的产生实际上是首先把世博会定义为一种事件来阐述的,事件为它提出一种空间和时间的产生概念,完了在世博上面提出留下了四个印记,我们希望留下第五个印记。通过第五个印记来说明世博的时间和空间的延续性。中间的论证里面我觉得还是比较完整的,因为它作为世博后的规划定位是一个交通枢纽的点,从交通入手谈到城市交通,再谈到城市交通给城市的时空感受转变。过去我们叫城市意向,通过对城市的体验产生城市印象,现在的交通把城市印象变成了两个点和一个线。他想植入第五印这个原形来转换这个概念。这里面用了一个人印的参与,在时间和空间上形成一个轨迹,用这种方式来进行这个过程,最后形成了一个交通的综合体。以后他说怎么来转变直接就用了一个非线性形态,在非线性形态里面可以是时空共存,就是似乎想改变一开始提出两点加一点的负面的城市印象。过程是这样的,我觉得提出整个分析过程都比较完整,但是在解答的时候,是不是当时提出一个印记是一个形成原形,还有一个非线性的成长体的原形,这样的原形和你最后这个原形怎么能够回答你改变这个城市目前的不完整的城市形象,通过你这个建筑形态,来回答这个问题,我觉得还是没有太明白。但是从建筑形态是有了,怎么回答这个第五印记,怎么持续这个城市的完整性和城市解读方面,回答得不是特别明白。

第六组认为世博是一个外来体,用外来文化,上海这个城市对外来文化产生的影响和中间的空间从社会学的角度来解读,我们过去的解读都是殖民文化,但是他从另外一个角度去解读。形成了一个城市的逻辑性和世博的逻辑性之间的一个存在空间,原因是事件的介入,这些解读都挺好。提出自己的理念,把寄生分解开,形成寄的场所和生的场所,这个都是在解读课题的中间做了大量的工作的,但是怎么把它落到设计上去的时候,还是跳动非常大,一下就跳到了一个建筑设计,一个建筑设计如果放到其他的场所是否可以?你后面马上提出一个盒子细胞,好像和前面的又有些脱节。我觉得中间这个过程不够好。

第三个提出建筑师的嘉年华和规划师的另类领域,实际上是一个城市秀了。你怎么用叠影的方式去再现,有很多解读都是非常精彩的,包括城市活动当中的拆除和新建,包括建筑职能的调整和生活模式的转变。但是最后的解答又过于单一,好像就是低碳,交通低碳就是自行车交通和轨道交通结合,以后把它变成一种生活模式,这三组同学都有这样的特点。前面的解读都非常好,观察点都很细腻,给我们很多启示,但是这个启示和后来的落脚点之间脱节。

王海松:这三个组的同学的基地都选择了东南角的一个接近轨道交通枢纽的地方,三组同学的作品都很好地考虑了跟城市、世博会、周围区域的关系,这是共同点,他们的分析都从城市角度来着手,也着眼于世博会对这个地块的影响,也着眼于这个地块周边的交通枢纽的影响,这个方法是对的。从工作量来说,我们这个题目都很难,每个同学接到的都是后世博的大概念,每个同学做作品的工作量有两部分,一个是自己想概念，一个是自己定任务书，因为他们没有接到具体的任务书，我们之所以出这个题目也是这样，希望大家在后世博的大框架下面去思考一些问题，然后结合思考的问题落实到具体的东西上。我想对同学来说确实比较难，大多数同学在任务书的拟订当中概念、方向都有了，但是没有具体。我一直在关注你们具体做成什么样，对我来说不重要，但是你们很关心，其实对这个题目来说你的概念好了，你的任务书出好了，说明你就成功了一大半。我想今天这三个同学概念都有，都很好，任务书的70%都有了，但是没有具体。

第五组同学的第五印，印是一个很好的词，很可以穿针引线的东西，把一轴四馆理解为四个印，然后他要做第五印。"印"是印章的印，又是印记，可以把世博会的印记体现在里面，同时是一个印象，老上海的印象。我们有一个词叫做心心相印，这个是一个很高层次的东西。你这个题目已经很好。同学可能很得意于我做了一个很好的东西，我觉得你做成什么样，好不好看不重要，你有了一个概念，最后你这个建筑承载住这个概念了，里面的内容是否合理这个更重要，你们接下来要把这个概念落实到具体的东西上。

第六组同学更落实一点，他把这里作为一个交通枢纽利用起来，他的大概念是寄生，他要做的东西理解为寄生于城市，这个词听上去很腐败，其实是很合理的。但是寄生又是一个很合理很有意思的生存方式，把你这个地块跟城市的关系理解为寄生，也是很形象、很有道理的一个建筑语言。他接下去面临的也是从寄生概念到交通枢纽的分析，但是最后怎么转换成一个这里是现实世界，那里是网络世界，我有点听不明白，这个概念有了，任务书出到一半，落地的地方没有。我们的同学别急着马上找答案，你从具体的概念出发，你定一个任务书，你把任务书完成就是一个很好的设计。我想可能老师对你们的要求太高了，有时候提问题比回答问题还难，你能够把这个问题找对了，你已经站到一个很高的高度，答案已经不重要了。

第七组的同学他们提出一个很有意思的方案，他觉得世博会提升了城市，提升了城市生活，城市生活的方式可以通过出行方式来体现，所以他想把出行方式转化为一个生活方式，然后做了很多自行车，然后设想以后在上海多远应该有一个点。你的设计表面上看是在这块基地，但是可以推广到城市很多的其他地方，你是点穴一样，以后这个可以扩散到城市的整个集体。很有意思，也很有操作性，但是毕竟有那么多面积在那里，所以不会只做自行车的一个秀场，不应该这样。应该是结合这个地块的具体的以后的开发，某种开发功能把这个概念放进去。

其实上海最近我们知识界也好、规划层面、政府层面都在讨论，世博会开完以后，怎么把这块地用好，从整个城市的发展来考虑这块地。如果说从城市发展，从整个城市进程考虑这个怎么用，就是同学们要面临的问题，你们不妨从我是一个规划局长我怎么用这块地，我是一个开发商、我是一个建筑学者怎么考虑这块地，几个角度考虑之后，你们的任务书的拟订，还有后续的应用，会有合理的解答。

陈瀚： 我从细节的方面说一下大家的设计，整个概念的提出都非常好，包括第五印，大家都想在这个地方形成一个印记，但是这个具体的印记我觉得并不一定是表现了一个印章之类的东西，所以这个把它转换成空间形态、空间语言去表达的时候，我觉得不一定是具象的东西，我是从具体的基地的功用出发去寻求限定条件。我觉得限定条件很重要，能够提出问题已经成功了一半了，你们要把自己的设计的思考条件想清楚。我觉得非线性的第五印这一组用非线性的感觉，这个形成的体系没有建立清楚，就是你的整个设计的形成体系没有建立出来。

另外想从大的方面来说，大家思考这块地的时候有时会忽略一个细节，前面是中国馆，这个建筑的体量大与小，包括对中国馆轴线形成的关系，可能没有关注到，包括高度，包括体量，不可能去抢了中国馆的感觉，这个建筑跟周边的关系都没有很仔细地考量。有一点欠缺的都是在形态的生成上面要有思考，包括体量关系、位置、功能的思考都需要重新定位。

然后再说一个，就是第六组寄生的主题我很喜欢，但是我觉得这一组的同学很大的篇幅说的是寄，没有说生，寄说了很多依存关系，包括20世纪30年代上海，包括世博期间这种依存关系，就是世博会这个地块跟整个上海也好，或者整个大环境之间的依存关系，但是没有对生长（就是寄生），还有生长的状态作一个分析，生长的状态就是具体对后面的思考，还是需要有的。我从篇幅上面看，可能是欠缺一点。你们会有相当的一些对生长的思考。我觉得有一个形态挺好的，但是没有跟那个体量作出一个比对。我觉得生成的建筑放在每个地块都可以，并不一定要放在这个地块。但是概念是很好的，如何具体出来还需要考量。

第七组的提法跟我们广州美术学院有一个做自行车的（方案）很像，自行车的连接，出来的体量我觉得有一点奇怪。自行车的低碳形式有几种，说到具体我有一些想法，自行车与TOD的交通关系，自行车的密度，比方说我上坡需要很大力，就不低碳了，我下坡是很低碳的，我如果连接两点之间，我用上坡与下坡之间的关系很理性地分析各TOD点，根据各个交通点需要连接的点我可能组织出来一个自行车的交通连接的形式。再把功能结合进来是很有意思的。这种组织关系的分析本身是一个非常理性的过程，可能你分析的过程也形成了一个坡道形态或者是景观形态，这种自然而然生长出来的建筑形态，包括景观形态也好，会非常自然，不会非常牵强。我走了这几个学校，发现所有的同学都有这个弊病，就是概念的生成状态和后面有一点脱节。

谢建军： 我谈一点建议，听到这些题目，总觉得第五印、寄生、叠影有一种隐忧，老想到当前房地产市场的这些楼盘的名字都是千奇百怪的。这可以联系，是一个现象。我们把很多美好的东西寄托在文字上，这是一种隐忧、是一种悲哀，在市场上就不一样了。房子造得不怎么样，名堂搞得很大，我希望我们这个是很理想的。我希望你们将来不要延续这种关系，还是实实在在做点事情可能更好一点，你们这种提法，第五印我想到一个电影叫第九区，这里面肯定对你们的思路有很大的影响，美国的很多观念都是超前的，对我们这个题目有一些相关性，

但是有时候又太科幻。我觉得寄生和后面做的东西没有太大的关系，大家非要在文字上花太多的力气不如用心去做这个东西，简单阐述一下就可以。其实叠影也好，第五印也好，寄生也好，你们最后做的东西都差不多，叠影可能还跟自行车有点关联，但是我也有一个思考，自行车我在上海所能看到的骑到轻轨站就坐轻轨转换了，我不知道你这个这么多层，是整个自行车都要活动还是怎么样？为什么会有那么多的坡道，要上那么多的层，是不是以后的生活就是自行车，你还要去说清楚，也许跟那个空间都没关联。我们觉得这个主题很好，自行车提供了一种回归，又能减轻城市的拥堵，我们都在提倡要低碳，但是就有一点隐忧。

何夏昀： 我谈一下第三地块的理解，我们有一个小组在做这个场地，当时我规定了一定要理解红线、容积率的问题。第五个小组可能还考虑了一下，但是后面的两个小组完全没有在一轴四馆的背景下去研究这个地块，我觉得后面这两个小组可能要注意一下。我个人不太喜欢"寄生"这个名字或者是这个概念，首先我觉得已经在五年级了，话不能乱说，词不能乱用，治学的严谨态度还是要有的，这个是不能简单地拆开的，与寄生相对应的就是共生，你这个是寄生在这个城市没有问题，寄生的概念是代表对寄主要产生一定的损耗。这个寄提了很多，但是生的这一部分没有提出来，你这个寄生的概念在推进和演化的过程中会不会变成了共生的概念。然后第五印的小组说的是一轴四馆的一个回音，我觉得一轴四馆可能是不需要回音了，可能是永久地保留下来，你这个部分是否再多考虑一下其他场馆在这个场地的印记，还有没有其他的一些非物质的信息在这个场地的印记？

还有自行车这个也是，自行车的使用，自行车的坡度问题，这些都是要考虑的。这个健康的生活模式是不是只是骑自行车这么一个简单的对接，如果是骑自行车为什么不在健身房骑自行车，你这个差异化在哪里，我觉得也应该考虑一下。

主持人： 我想今天的整体评图和汇报就差不多了，下面我们把整个进程作一个回顾。

李勇： 我说说这个作业从开始到现在的一个成果是怎么来的。一开始接到这个题，我们跟王老师在一起商量，因为这个题特别大，我们这边在边陲，信息量也不够，希望同学们尽量通过各方面的一些媒介能够了解更多的信息。我们也希望我们的消息来源不能仅限于世博会，我觉得甚至当时跟同学们说了，你们应该去关注新闻，关注世博会的一些很小的新闻，可能就会发现问题，甚至找到一些解决问题的方法。同学们也做了大量的工作，在这两周工作结束之后，因为信息量一下涌过来，同学们一下子受不了。我希望我们在后面梳理这个信息的过程中能够做好。两周之后同学们确实不知道做什么，我们接下来就梳理了一些信息，我们希望他们第一个能够找到一些。我和黄老师的要求是能够找到一些更阳光、更积极的世博的意义。这个里面我觉得虽然他们有什么寄生等，但是总体上来说方向还是阳光的，还是多彩的。

我们现在工作了7周，后面就是希望他们作一些思考，我们当时和黄老师在讨论，对同学们有一个要求，这个设计必须在三个方面作思考，第一个是关于世博的思考，第二个是关于后世博的思考，第三个是关于用地的思考。根据这三个方面要求每个同学在前期做了一个小的PPT，就这三个思考说得清楚一些，今天他们比较着重展示的是每个方面都有两个方面的思考，世博和后世博的思考。从展示的情况来看，确实是第三个方面的思考是不够的，前面两个方面的思考还是各有各的特色，我觉得下面同学们，关于第三个思考也是我们后续的一个思维重点，从这个立意的方面今天各位老师给大家提了很好的一些建议，你们应该听取每一个老师的建议，最后形成自己的判断。我们不要说哪个老师对这个东西有批评，哪个老师对这个东西有赞扬就会怎么怎么样。你应该听取各个老师的思想，各个老师对你的方案的一个看法，最后能够形成你自己的看法。

接下来还是很艰苦，非常感谢各位老师。

王海松： 这次联合毕业设计展览6月5号在上海举行，时间还有一个多月，非常期待两位老师带着同学们到上海来会有很好的作品。

主持人： 首先代表四川美术学院建筑艺术系对各位老师远程而来表示感谢。这次评图至少有三个方面对我的启发很大。第一个是学生的表达方面，实际上我们也看到不同的性格的学生有不同的关注点，他们在表达上有不同的取向。另外，可以看到同学们思想的重点和表述方式的长项和弱点，这是建筑学当中一个很重要的内容，你要把自己的观点交流出去，我想这是五年级学习中间很重要的内容。我对我们的同学的评价基本上是满意的，我在辅导你们的过程中你们流于战术铰接，这个反映你们思想层面上的能力还要提高，怎么样用一种简洁的方法把你的思想传达出来很重要。总的来说，我觉得你们应该对自己这一次的汇报作一个自我考量，然后再提升，因为这是你们就业中间非常重要的一个部分。

第二个是老师的评价是非常有教学价值的，除了对方案的指导本身的意义之外，老师的评价甚至不同的观点也很重要。刚才同学们告诉我他们非常感兴趣老师的观点不同，这是非常好的多价值的方面，我们的教学不一定是一个相同的解答方案。我们所在的这个地方，本身的这个场地应该是一种多解的方式，教育的方案也是多解的方式。或许对某一组的指导有三种以上的意见都是可能的，这三种代表三种教育的角度，关键是你们怎么去学习，怎么样去吸取。对老师来说，也是挺有趣的，我们真正要思考学生的问题，这是最好的一种形式，他让我们去发现学生的长项，我注意到老师不断地提到这个想法是年轻人的，这是对大家很中肯的评价，你们也说到幼稚得可爱，那是活力组成的一种方式。我觉得通过老师对你们的不断的评价和认同，对我们的教育方法也有很好的促进，值得我们思考。回到这次的联合设计来，通过毕业设计我们会回到包括一、二、三、四年级的教育中间，都很有体会。

第三个方面，就是这次的四校联合毕业设计的教学上的一种思考。经历了四个学校，我觉得可以看到每个学校的不同的教育取向和价值，这也是一个很好的在教育层面的而不仅仅是在教学层面的一个交流。我想王老师的媒体工作，他的团队，对这次活动的组织工作都是花费心思。我觉得在这次的进程中，虽然每个老师都付出巨大的时间代价，但是我想最大的收获是在教育层面的，是对后代的教育层面的收获。我想我们会逐渐形成一种传统，或者是一种学统，这种学统会在教育和教学层面上流传下去。再次向远道而来的老师表示感谢。

请每位老师作一个简短总结。

它是世博或者后世博或者什么题目。这种交叉、争辩，使学生能够面对面感受不同的差异，对学生、老师的意义都非常重大。我们现在还没有发现以后再进行下去还有可能开启更大的意义，我觉得很好。我有一种体会，就是我也教一点西方建筑史，古罗马时代他们就强调两个事情，一个是修辞，一个是辩论，我们这个舞台就是为了以后的辩论，辩论大家重要的生存机能，我们去感染别人，我们宣扬自己的理念，我们的思想碰撞都让大家很有印象。

王海松：我要说的就是中期的成果已经很让我惊喜了，但是我相信最终的成果一定会更让我更惊喜，非常期待。

李勇：我们四个老师从第一站到最后一站都经历了每个学生的方案的汇报，我发现不仅是我们的东南西北的四个美术院学不一样，我们四个美术院学的老师的观念或者是看法也有一些差异，学生的差异也很大，确实就像刚才陈老师说的，这个差异性才是我们在一起的基础。

戎安：我说的就是通过这个教学互长的过程，我从你们身上学到了很多，我也希望我能够更多地给予你们一些思考。第二个就是始终在进行三个比较，一个是国内教学的比较，一个是国内工科院校的比较，第三个是在我们美术学院也在进行比较，其实同学们会有很多担心，就是美术院校和工科院校的区别，其实大家的思维方式都在越来越接近，但是我们的特色会越来越好。

何夏昀：在四校当中不管是学生也好，老师也好，这种交流是最重要的。在这个过程中老师的交流占的比重比较大一点，我觉得作为参与这个课题的学生可以再通过其他的一些渠道互相再进行一个更深层次的交流，这可以是对课题本身的一个交流，也可以是从头开始的交流或者是专业的交流，下一步同学们可以在私下进行。

陈瀚：通过这次四校的走动，四校的期待在于每一个学校的教育理念、教育方法，每个同学都有一点小差异，这个不是说问题所在，而是我们的目标所在，我们四校合作的目的并不是一体化而是让差异更大化。

王海松：我觉得以后可以在评图的同时增加一个学生辩论的环节，因为知识面背景不一样，我说的他不一定能够理解，我觉得一个是独特性很珍贵，独特性要继续保留，甚至以后这里就可以讲重庆话都没关系。另外一个，教学特性要保留，我们这个不是一个实际项目，教学的收获就在这样的相互探讨过程当中，甚至是不停地作汇报，我们那边也是，每周学生都要交PPT这些，我是希望他们每个阶段的成果都要放到网上去，因为这种交流收获的是同学们。

谢建军：我也是第一次能够在这么大的空间尺度中走动，我们的认识也不一定比在座的同学深刻多少，这个事情本身比做一个课题或者什么题目更有意义，不一定在于

四校联合毕业设计开幕式

结营仪式

■ 结营仪式花絮

结营仪式花絮 ■

结营仪式花絮 ■

■ 结营仪式花絮

■ 四校联合毕业设计开幕式

■ 四校联合毕业设计展场

结营仪式巨幅海报

宝钢大舞台改造成游乐场
（章瑾设计）

白莲泾地块改造（吴昊设计）

■ 结营仪式教师合影

■ 结营仪式花絮

展场掠影

展场掠影

感言

　　首先祝贺中央美术学院、上海大学美术学院、四川美术学院及广州美术学院建筑专业毕业生"后世博"主题展览圆满成功!

　　对于建筑我是个门外汉,有机会来策划一个建筑系毕业生的展览也确实让我感到有点突然,同时我也很高兴。

　　我们国家前进的速度如此之快,大学的建设发展也如此之快,我想我们的毕业生展览也应该与时俱进了,优秀的作品应该有一个好的展览方案来展现;所以尽管我不是建筑学的行家,在王海松老师的鼓励和指导下,我接下了这个任务,同时由于有各校专业教师对作品方面的把关,我得以专心在展览场地,现场设计及其他算是我比较在行的展览配套工作方面下了点工夫,得以使这个展览能如期顺利地举办。

　　在此我要感谢王海松老师和谢建军老师的帮助和为这个展览提供帮助的上海大学和东华大学的同学们!

　　同时感谢为展览提供了如此受好评的场地和照明的Z58、中泰照明集团和程可沛先生!

　　希望所有参加展览的同学们能把毕业展览当成人生的新起点,牢记报效祖国,方能大展宏图!

陈纪新

艺术批评家　独立策展人

感谢

感谢中泰照明集团(Z58)的倾力支持与场地提供!

白莲泾地块改造（吴昊设计）

学生作品

对于我们设计师来说，
"世博后"更应该是一种观念，
一种态度。

——吴昊

01 选址演变

选址位置
上海世博会选址定于黄浦江两岸卢浦大桥与南浦大桥之间的滨水区。

选址演变

花木地区，展览中心

黄楼，规划共建用地

浦江两岸，城市核心

演变原因
城市空间演化的哲学思考还是一个现实的政治和经济问题？

02 归纳求解

城市核心区 — 不多见，规模通常较小

城郊独立园区 — 独立于城区之外，促进当地城市化进程

城区边缘 — 完整功能代替，促进展区周边地区的更新或开发

上海选址 — 经济因素在政府视角下作用大于空间因素。

城市中心边缘 — 对城区更新改造发挥作用，在一定程度上带动城市中心区的外拓

03 阅读城市

研究目的
城市肌理变化城市空间变化的表象。

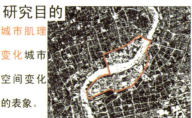

肌理变化

2004年 — 拆除成片棚户区

2005年 — 拆除棚户区周边工业厂房

2006年 — 清除大部分建筑

2009年 — 大尺度方格网园区形成

4 提出问题

四层矛盾

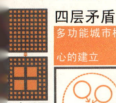

四个层面的矛盾性

| 多功能城市核心的建立 ↔ 城市主核心过度发展 | 低质量高污染建筑拆除 ↔ 居民生活场景突变 | 新城市绿地开放空间形成 ↔ 空间尺度巨型化,不宜生活 | 人为"有序"规划 ↔ 更大范围内的"无序" |

   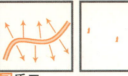

矛盾一　　矛盾二　　矛盾三　　矛盾四

5 分析求解

定义"世博后"

复杂性与矛盾性

过于激烈的碰撞

"世博后"是一种观念

空间的城市生产

城市空间自己**生产自己**、**自己适应自己**。

空间的人为规划

城市聚居者追求**清晰的结构**和**井然的秩序**。

观念成形

"有序"与"无序"是城市完整的生命

在强制性开发的同时维持良性的碰撞

我的观念

时间→ 规划　生成　时间

06 基地解析

基地区位

功能概述

功能和场地空间尺度,都需要改变

要素罗列

 四周良好视线　 制高点　 滨水湿地　 人流量不大　 亲水及观水　 精致纹理

设想　渐进式开发度假村

07 场所故事

片区主线

 场所**新生命**的开始。

 从上至下,场地总体规划。

 强化 grocery 形式。

 强化 grocery 形式。

 恢复部分**生态绿地**,划定业态。

 小型商业**开始发展**。

 加盖整体屋顶**公建**,地下停车。

 商业**来源**于市民,服务于市民

← TIME →

人物主线

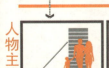 一家三口住于协调区。

 新规划遥远,故**无积极情绪**。

可解决自身**就业**问题。

与建筑师议**面积**平面、发展计划。

与**周边**已有商业的业主商讨。

 新的工作;并与他人**达成共识**。

 与建筑师商讨**加建**与**环境整合**。

 适合生活的**城市公共空间**。

08 经济技术指标

基地面积：68986 m²

小型零售商店预计建筑面积：3000 m²

客房建筑面积：15984 m²

其他建筑面积：5389 m²

预计总建筑面积：33200 m²

绿化面积：37860 m²

容积率：0.48

绿地率：54.9%

总平面

东立面

空间性质分析

交通流线分析

停车分析

滨水关系分析

09 臆想平立剖面

配套建筑一层平面 1:300

A 点透视

B 点透视

C 点透视

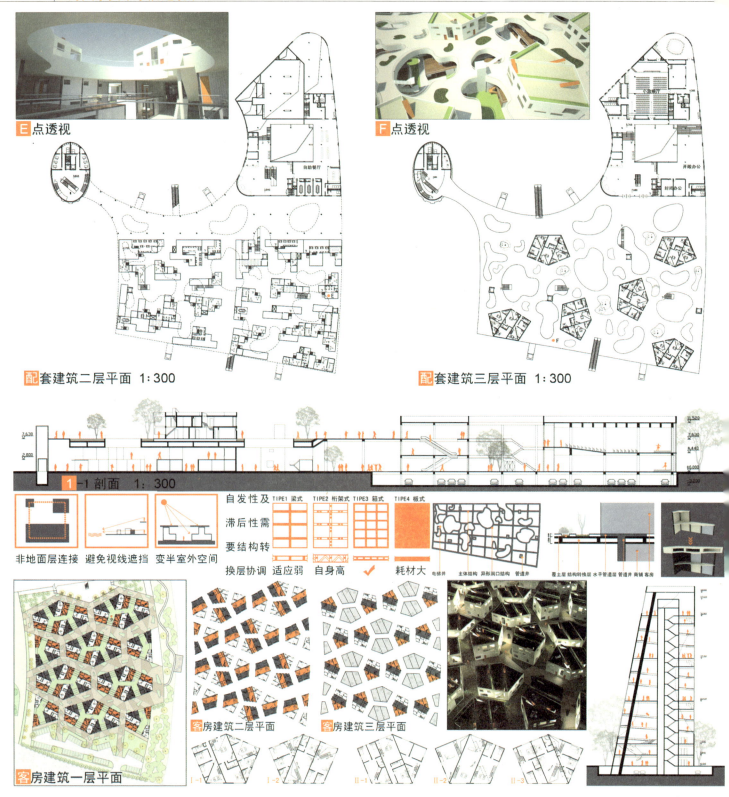

商铺形成规则

起型零售自发形成总区控制线内面积7555平方米左右，一定时间内并开又限。
3轴模数一采用3米进深模数化，且统一采用100mm钢材作为支撑结构。
主面道请建筑物与周边已有小商铺业主共同进行加固，内部改建等，但单户总建筑面积超过150平方米。
起建筑在已有商铺业主商讨后可与已有商铺共用一片外墙，各铺相互之间的节点必须保证两墙等高面，且二层面积不得超过一层面积上的加部。

贴在街角发展小型餐饮，以便启动入口与主次分离。

一定的发展阶段后，会有街涨派驻时对外部环境提进行统一规划和整理。业主是可以自发形成一定规范之前，需要在二层进行加建，坚决屏蔽，并在其上建造虚假村。暂时必须无条件服从。

	商铺1	商铺2	商铺3	商铺4	商铺5	商铺6	商铺7	商铺8	商铺9	商铺10	商铺11	商铺12	商铺13	
step1														
step2														
step3														

组合生长猜想

STEP1

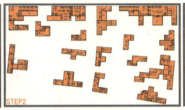
STEP2

STEP3

STEP4

客房组合

客房设计一是重新诠释基地曾经棚户区房屋相互之间的紧密型；二是每个客房单元都有不同角度的观景方向。

户型 / 性能			
采光与舒适度		一般	好
外部积极空间	一般	否	是
客房形式单一	一般	是	否
室内空间感觉	一般	小	大
不同观景朝向	能	能	能

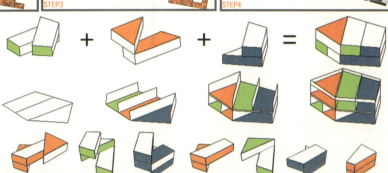

Post Expo 后世博　　沪上生态家改造

案例名称："沪上生态家"

地理位置：位于世博浦西园区城市最佳实践区北部片区。
建筑面积：约3000m²。
案例关键词：生态环保，零能耗。
案例原型："沪上生态家"的原型是位于上海市闵行区的我国第一座生态示范楼。
技术亮点：采用绿色、环保、节能的生态技术，展现可持续发展的生态住宅理念，探索普遍适用型宜居模式。
案例看点：突出参与性、体验性和趣味性，以"过去、现在、未来"的线索构成关于住宅技术的"时空之旅"。

改造方向：住宅（模块）

原因：近30年来，上海迅速发展成高楼林立的现代化大都市，但上海住宅面临的困惑无人能解：密集的高层，地域传统的消失，上海里弄密集、合理居住的典范不复存在。上海住宅也在努力寻求居住方式和居住技术的回归：建筑围护结构、自然通风、高效、新型空调、太阳能利用、自动控制等。建筑设计师们认为，针对高密度城市的宜居态度应该是：延续生态建筑理念，节约能源、节省资源、保护环境、以人为本，呼应世博会主题"城市，让生活更美好"，关注节能环保，倡导"乐活"人生。
节能减排，达到2010年国际先进水平，建筑综合节能60%，可再生能源利用率50%，二氧化碳减排量140t；
资源回用，将城市排污变废为宝，非传统水源利用率60%，含固体废物内墙体材料使用率100%；
环境宜居，健康、舒适、宜居，室内环境达标率100%，空间采光系数75%以上；
智能高效，有能源管理、环境监测、设备管理和信息管理四个智能管理中心。

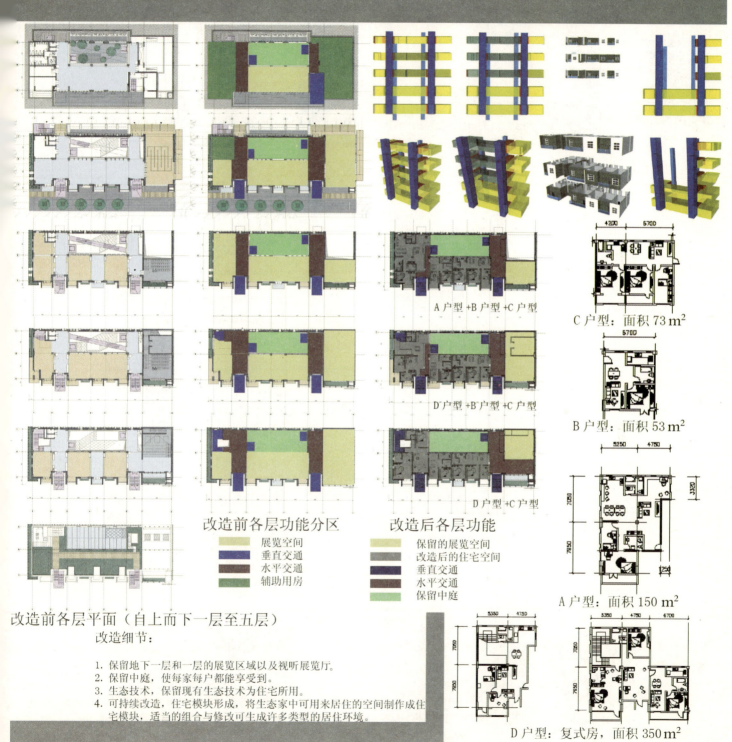

保留原有立面

1-1 剖面

宜 居

为了日后能够大力推广"沪上生态家"的创新成果，设计师们仅采用了30%的未来前瞻技术，70%是既有成熟技术。这种具有上海特色且集成了生态科技的案例将成为世博参观者体验未来都市生态住宅的重要场所，引领未来生态建筑在我国的发展。

建筑内部的大量用砖也是废物再利用烧制的，有用长江口淤积细沙生产的，有用工厂废渣"蒸压粉煤灰"生产的，石膏板也是用工业废料制作的，看似木制的屋面是用竹子压制而成的，这样可以避免耗费珍贵的木材资源。

窗户外的百叶窗、落地玻璃幕墙外的卷帘门，还有阳台外的屈臂式遮阳篷，这些装置有个共同的名字："外遮阳系统"，在夏日西晒严重时，能够随时阻挡阳光进入室内，起到隔热降温作用。

墙"会呼吸"，具有储能作用，可以自动调节室内温度和湿度。建筑外墙外立面保温层采用无机保温砂浆，内立面采用相变材料与脱硫石膏复合系统，在保护环境的同时，使建筑外墙具有随室外环境变化而变化的复合节能系统。

建筑立面综合了遮阳构件、植物绿化、太阳能光伏板、太阳能热水板等。屋面主要采用种植屋面、反射屋面，并局部设置太阳能光伏板与静音竖轴风力发电机组，为建筑提供少量的电量补给，使建筑更具美感与动感。

建筑南北通透条状设置，迎合上海夏季季风方向，南向窗采用"呼吸窗"，北向窗采用低辐射中空断热铝合金窗。

"沪上生态家"还设置了多处风道，包括纵向的中庭拔风井以及每层设置的横向风道。中庭作为共享空间，顶部设置由风力发电系统驱动的机械拔风装置，强化拔风效果。

走进"沪上生态家"，参观者会发现这里的空气和室外一样好。根据流体力学"嵌"在整座建筑之中的"生态核"，能对四面八方的风进行"优化组合"，并通过植物过滤净化系统，使空气保持清新，全然没有一般办公楼的污浊空气。

走进房间，会发现这里白天基本不用开灯，即使在北面房间写字办公，也没有大的问题。屋顶上设计的开合屋面，可以在加强自然通风效果的同时，增大室内采光效果。

启用"中庭采光系统"后，通过中庭屋顶上巨大的透明玻璃天窗，阳光被引入屋内。屋顶上安装的"追光百叶"可以跟随太阳角度的变化而自动转变角度，一方面起到遮阳作用，另一方面反射环境光，提高室内照度。

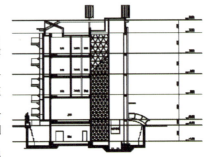

2-2 剖面

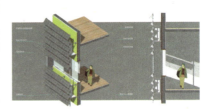

"后世博"：延展与续用！？

白莲泾地块再开发——旅游酒店设计

中国2010年上海世界博览会会场，位于南浦大桥和卢浦大桥区域，并沿着上海城区黄浦江两岸进行布局。

基地位于世博之门——白莲泾地块。基地在世博会期间规划的建筑量较少，且在世博后基本会被拆除。

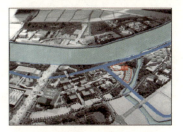

基地北靠黄浦江，东面紧邻白莲泾，北临明浦路，西侧为沂林路，面积约为69000 m^2。

基地北边为世博公园，东侧为城市绿地，基地内地势平坦，视野开阔，整个基地拥有良好的景观朝向。

 世博过后此地块的入口广场功能将丧，地块经过世博会的"升温"，再加上周边良好的滨江景观，潜在的价值自然不言而喻。

！新建一座精品旅游旅馆是较为合适的选择。旅馆临江而建既充分利用了良好的滨江景观，又符合上层规划及整个世博园区的远期定位。

方案理念：充分利用基地良好的景观优势，合理布局酒店功能，使游客既有大的美景可观，也有小的庭院可赏；体现现代、简约、生态的新时代酒店。

方案过程：由高密度的建筑群向低密度的组团演变，并在基地南侧规划一座高尔夫球场提升酒店精品价值。

学生：严晓奇； 指导老师：王海松、谢建军

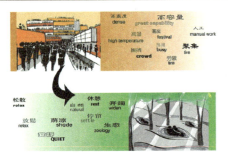

旅游酒店给人带来的感受

高尔夫球场意向

基地面积： 69430
酒店占地面积： 7394
酒店建筑面积： 25196
绿化率： 83%
容积率： 0.36
地下车位： 90
地上车位： 20

基地流线分析

车行环路结合地下车库设计，不占用酒店开放空间，做到人车分流的人性化设计。

景观视线分析

北立面采用大面积的玻璃幕墙，使人有滨江可观；南侧半围合的空间又使人有庭院可赏。

周边绿化分析

在基地右上角布置一片下沉式庭院作为过渡空间，在建筑屋顶布置屋顶绿化，既美化环境又节能、生态。

酒店功能分析

酒店流线分析

水平流线　垂直流线

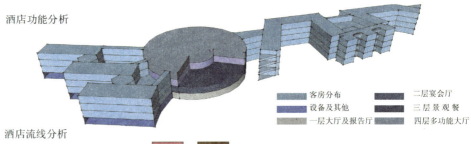

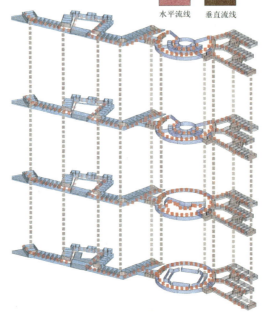

客房分布　二层宴会厅
设备及其他　三层景观餐
一层大厅及报告厅　四层多功能大厅

屋顶绿化透视

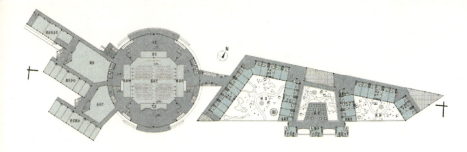

一层平面图

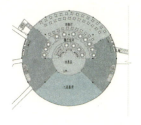

三层局部平面图

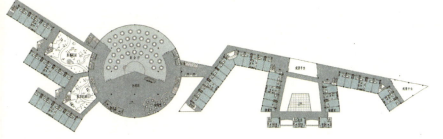

二层平面图

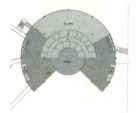

四层局部平面图

酒店东北立面

酒店西南立面

酒店局部透视

酒店横向剖面

后世博——
旧工业建筑的第二次……第N次涅槃

指导老师：谢建军、王海松
设计成员：陈 婧、张锦花

1 锈 Rust

改造与新建：

所改造建筑——中国船舶馆的前身东区装焊车间建于1995年，平面呈长方形，东西宽135m，南北长126m，高33m，为四跨钢结构厂房。

2 秀 Show

设计特点：

老厂房的"骨架"里新建一座5000㎡展览馆和一座2000㎡观景斜廊餐厅，都采用框架钢结构形式和玻璃幕墙，同时，为取得最大的观景面，斜廊餐厅与老厂房的结构呈19°倾斜布置。整个建筑远看将给人"大房子套小房子"的奇特感觉。

船舶馆现状模型 | 基地与周边关系

现场照片

基地位置

园区路网关系

景观特色

城市肌理现状

③ 绣 Embroider

A. 硬核效应

峰值地价与土地租赁能力模型：核心区域最高地价一般由商业、商务功能承载。

根据地价峰值理论：商业及休闲娱乐物业能够实现较高的地价，能够提升区域的整体形象，处于核心区最核心的位置——属于硬核（Hard Core）区。其次是商务办公区。外围是临时住所及酒店。居家物业及其他物业位于金字塔的最低端。

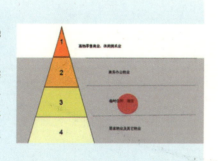

B. 经济背景——上海经济圈的扩张

国际化都市发展进程模式

单中心城市扩张 → 多核化发展 → 城市群形成

C. 主题酒店：畅想水生活

主题酒店概念的生成

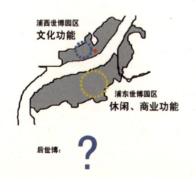

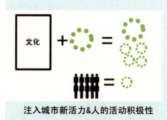

注入城市新活力&人的活动积极性

D. 后世博

浦东为商务、休闲区，拥有一轴四馆的主题景观，为了服务于浦东商务业态，面向商务人士，提供休闲、餐饮、文化等功能，将船舶馆改造成具有文化特色的主题酒店，为城市的船舶馆注入新活力，吸引更多的人气。

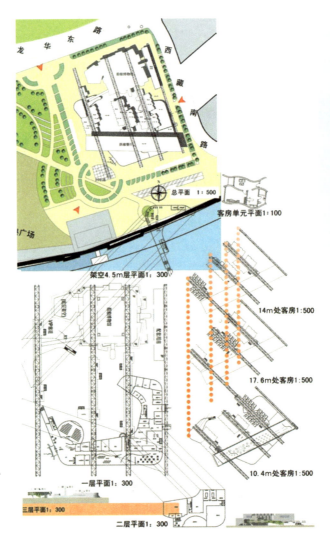

张锦花，1986年7月
2005级建筑系

设计说明：

在核心概念的选取过程中我们更加关注的是酒店与城市的关系。我们要建立一个城市大平台，市民、游客与租赁者其乐融融，住宿不再是单调乏味的登记 — 入住—退房的过程，而是对城市的一次全新体验，对城市人文的理解和感受。

酒店的开放性为市民提供了休闲交流体验的可能。

酒店作为城市地域的媒体，平台作为场景，人就可以自由地选择角色。

工业建筑改造是将工业建筑，从盛装工业技术的容器，到世博期间展示工业历史文化逐步向展示城市活力的容器转变。

技术指标：
基地面积： 11556m²
建筑占地面积： 3503m²
酒店客房部分： 1643m²
酒店其他部分： 5893m²
餐厅： 2721m²
总建筑面积： 10257m²
容积率： 1
绿化率： 78%

陈婧，1987年1月
2005级建筑系

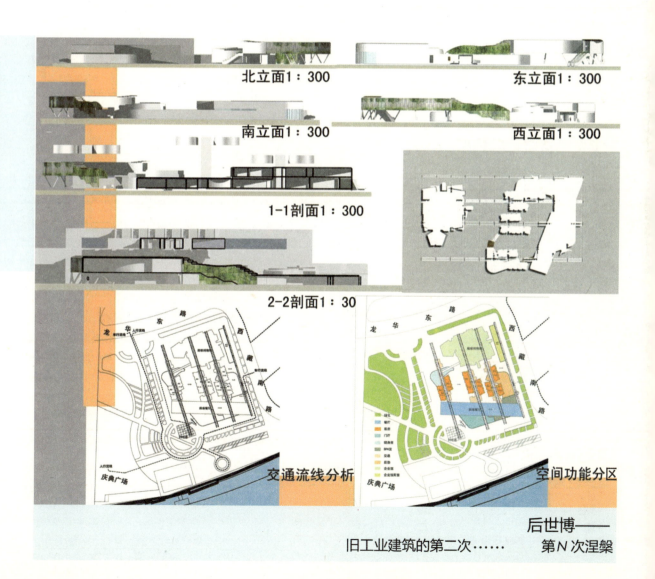

后世博——
旧工业建筑的第二次……第N次涅槃

1 区位分析

1.1 世博园分析

1.2 最佳实践区分析

1.3 未来馆分析

世博园周边有多**轨道交通**车站，交通线路分别有4号线、6号线、7号线、8号线和13号线的世博段，为世博会园区直接服务的车站总计达14座，此外还有各类专线公交车，**到达方便**。

城市最佳实践区位于世博园浦西侧D地块。利用老厂房改造的四组展馆建筑面积合计为26800m²，其中尤以**南市发电厂**体量最大，占地达8970m²，高达165m的烟囱为**世博园最高点**，该地块将成为浦西侧的关注焦点。

未来馆位于城市最佳实践区南地块，前有大型广场可供人群停留，西临浦西侧陆上主入口，南临黄浦江，有游船码头可供水上到达，北侧有人行天桥通往城市最佳实践区北地块，融**交通便利**、**视野开阔**、宜人**滨水景观**等优点于一身。

2 美术馆选址综合分析

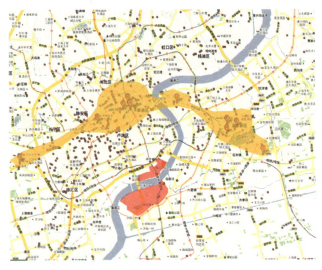

美术馆选址及功能分析：

　　图中选列为本市各大展示文化中心，虽然上海作为国际化大都市已有不少商业文化展示建筑，但是它们分布不均，大都集中于浦西人民广场及浦东世纪公园附近。从地理位置上考虑，可以在世博园城市最佳实践区建造一座**符合上海大都市形象**的大型美术馆；从人流交通考虑，世博园会后将仍有大量参观、游览、公务等各类人流，大型美术馆将能吸引足够的参观者；从美术馆功能考虑，上海虽有上海美术馆、上海博物馆、上海展览中心等展馆，但是建筑面积普遍在5000m²左右，尚没有**特大型展馆**；从国外厂房改造展馆成功案例来看，历史上已不乏经典，如英国泰特美术馆由旧工业厂房改造而来，法国巴黎奥赛艺术博物馆由废弃火车站改建，展出面积超过4.5万m²，日本丰田产业纪念馆在1994年由原丰田纺纱织布株式会社厂房改造而来，使丰田集团的发祥地建筑物作为珍贵的产业遗产得以有效利用。

伦敦	泰特现代艺术馆 34500m²	伦敦国家美术馆 27000m²	大英博物馆 24000m²
巴黎	卢佛尔宫 48000m²	奥赛博物馆 47000m²	巴黎博物馆 6500m²
纽约	大都会艺术博物馆 240000m²	纽约现代艺术博物馆 43000m²	纽约博物馆 4500m²
上海	上海美术馆 5600m²	上海城市规划馆 4900m²	上海科技馆 4000m²

世界各大都市大型展览馆面积一览

3 改造策略和方法

3.1 结构改造

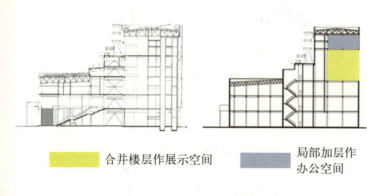

■ 合并楼层作展示空间　　■ 局部加层作办公空间

未来馆结构延续了南市发电厂的柱网体系和楼板层高，本次改造对北侧50m高建筑楼层作局部加层，使得部分楼层有更大的净空作展厅，满足艺术馆对展品高度的更高要求，而五层和六层为4m层高，方便作办公会议和研究等功能空间使用，既充分利用厂房建筑的有效空间，又不对旧厂房结构造成破坏。

3.2 功能改造

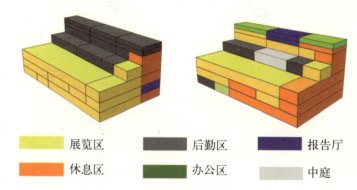

■ 展览区　　■ 后勤区　　■ 报告厅
■ 休息区　　■ 办公区　　■ 中庭

未来馆本身功能也是展馆，因此此次改造设计对立面改动不是非常大，基本在未来馆外立面基础上作一些小变化。首先，南立面面向黄浦江，拥有较好的视野，因此在沿用大片玻璃幕墙的同时，丰富了砖墙面的开窗变化，使建筑更富现代风格；其次，正立面采用全封闭砖墙立面，这不仅是对旧发电厂立面的尊重和回归，也是艺术馆展示功能的需要；最后，对厂房烟囱、排气管等旧工业特征的设施进行了完全保留。

3.3 中庭改造

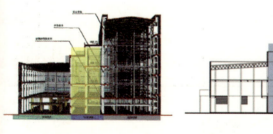 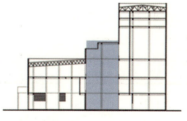

■ 中庭有楼板穿过　　■ 中庭垂直通高

3.4 广场改造

改造前　　　　　　　　改造后

未来馆前广场在本次世博会期间为大型舞台作表演用，在世博后势必要拆除，没有那么多人流，所以此次改造设计考虑将广场设计定位为让人休息、逗留、娱乐等功能，做了遮阳伞、喷泉、绿化景观等小品，同时注意与南侧黄浦江的滨江景观相照应。

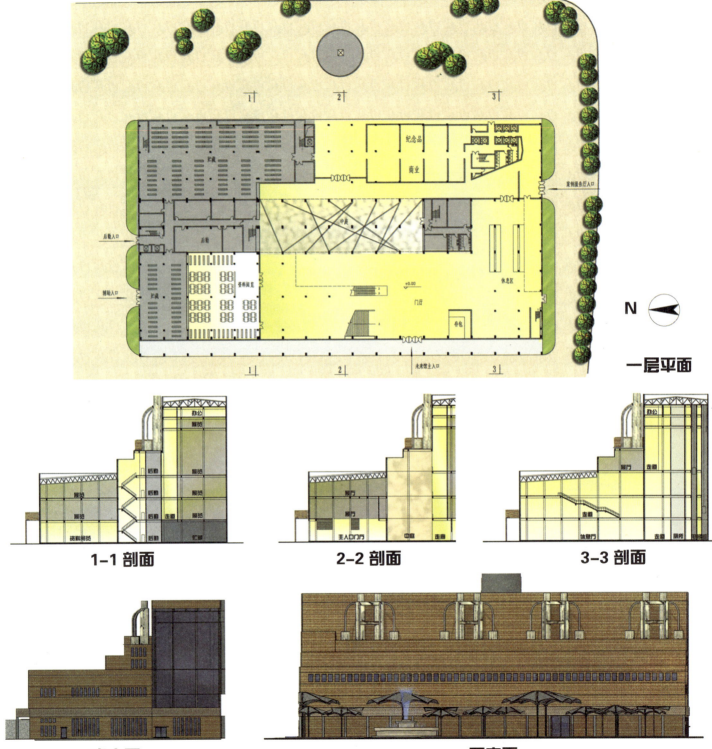

4 建筑分析

4.1 功能分析

本设计以未来馆展区为基础，根据现代艺术馆对展品大小、净高、展览流线等的新要求，重新进行功能分区，将报告厅置于顶层，展览空间自下而上，而后勤贮存空间则位于底层部分及每层的"核心筒"中，使得展览、报告厅、后勤三块主要功能满足新建筑使用要求。

4.2 流线分析

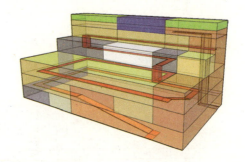

本设计根据现代艺术馆的展览要求，对流线进行重新规划设计。参展者从西侧主入口经一层休息大厅进入二层展厅入口，并根据展览流线逐层依次参观各展室，而报告厅人群则由南侧入口进入后坐电梯直达五层报告厅，与其他人流没有冲突。后勤辅助人员由北侧边门进入，主要活动区域为一层东北角与每层"核心筒"中，彼此互不干扰。

4.3 交通分析

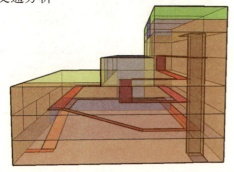

本设计在竖向交通上主要考虑两种疏散策略，在每层分别有两处电梯可供直达其他楼层，除了根据参展流线布置的楼梯外，还根据防火规范与要求配有疏散楼梯。在正常情况下，参展者通过自动扶梯与楼梯依层参观，报告厅人流由北侧电梯厅上下，办公人员坐核心筒内贮藏货梯与楼梯行动。

4.4 视线分析

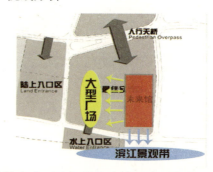

本设计坐落于城市最佳实践区南地块的东南角，面朝达几万平方米的大型广场，视野开阔，南临黄浦江，有良好的滨水景观。本设计以未来馆为基础，用玻璃幕墙和小窗结合的方式增加了南侧开窗面积，以增加面江的良好视线，并且综合考虑功能和美观，对小窗进行合理排列。

5 总平面图与各平立剖面图

总平面图

鸟瞰图

效果图

ADAPTABILITY RENEW DESIGN OF CSSC PAVILION, EXPO 2010, SHANGHAI
2010上海世博会中国船舶馆适应性再改造设计

设计成员：潘嘉伟、黄寅
指导老师：王海松、谢建军
上海大学美术学院建筑系

适应性再改造形体概念生成过程分析

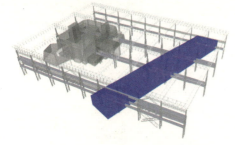

Step 1：进行"拆改留"，并将企业馆功能转化为船舶科技馆，展示先进的船舶航海的科技。

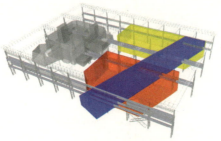

Step 2：增加船舶历史博物馆和船舶航海图书馆的功能空间。

Step 3：增加空中展厅联系三大功能区域，并植入竖向绿化，形成船舶文化综合体。

项目现状 Present Situation

东区装焊车间建于1995年，平面呈长方形，东西宽135m，南北长216m，高33m，为4跨单层钢结构厂房。依照规划要求，为向世博园区提供开放的室外空间，需拆除车间的部分结构。厂房原有立面为蓝色和白色彩钢板，屋面结构为空间网架结构，屋面材料为彩钢板和采光板相结合，并局部设采光侧向天窗。由于生产工艺的需要，厂房在14m和21m高度上均设有重型起重机，最小的起吊重量有20t，大的甚至到150t。其结构承载力巨大，为再利用提供了多种可能。但是从常规的历史和美学价值来分析，对其作保护性改造的价值较小，但由于其空间可塑性强，结构潜能大，作适应性再利用改造的价值较大。

设计说明 Design Concept

1. 本方案设计以尽可能保留原有建筑及结构为宗旨，面对原有厂房功能及业态的转变，必定带来更加人性化的尺度概念。设计的出发点是大空间厂房的功能填充及完善，并将工业化的大尺度转变成更人性化的民用建筑尺度。
2. 设计定位：保留企业馆，将其改造成船舶科技馆，展示先进的船舶科技；新增船舶历史博物馆以及船舶图书馆。通过原有观景斜廊及增设的空中连廊将三大功能空间紧密联系，力图将该区域在世博会后形成船舶及航海的文化教育的综合体。
3. 以绿色环保理念来贯穿整个设计，将所有大尺度钢结构支撑中融入竖向的绿化系统，并在屋面增设太阳能板，以供立面表皮中节能光源的电能消耗。

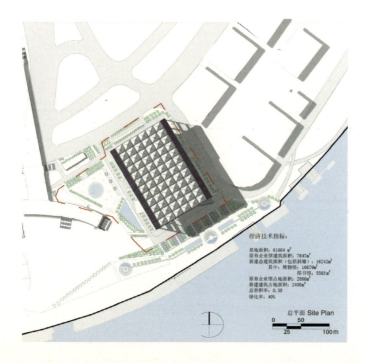

总平面 Site Plan

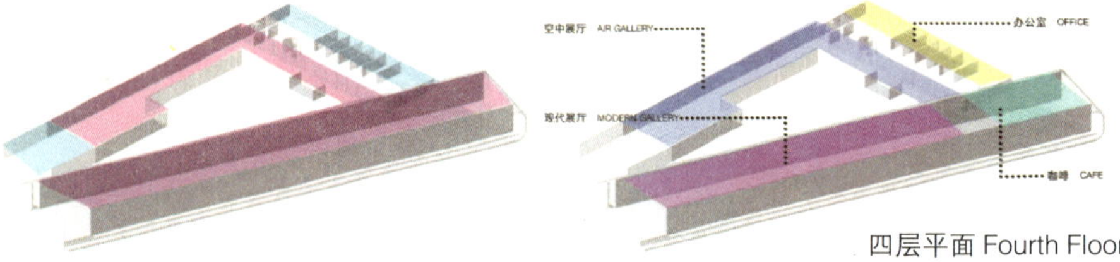
空中展厅 AIR GALLERY
办公室 OFFICE
现代展厅 MODERN GALLERY
咖啡 CAFE

四层平面 Fourth Floor

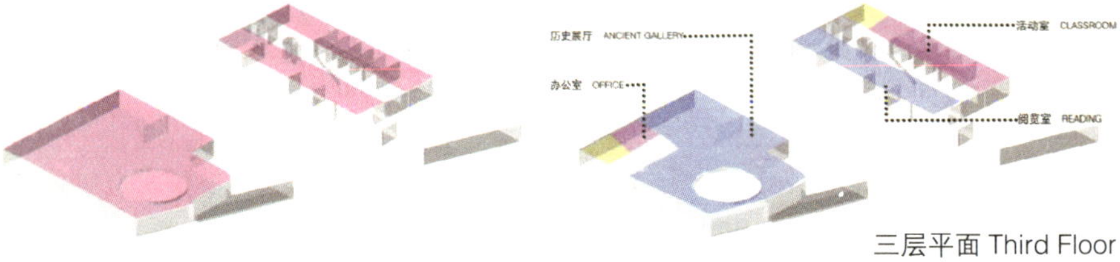
历史展厅 ANCIENT GALLERY
活动室 CLASSROOM
办公室 OFFICE
阅览室 READING

三层平面 Third Floor

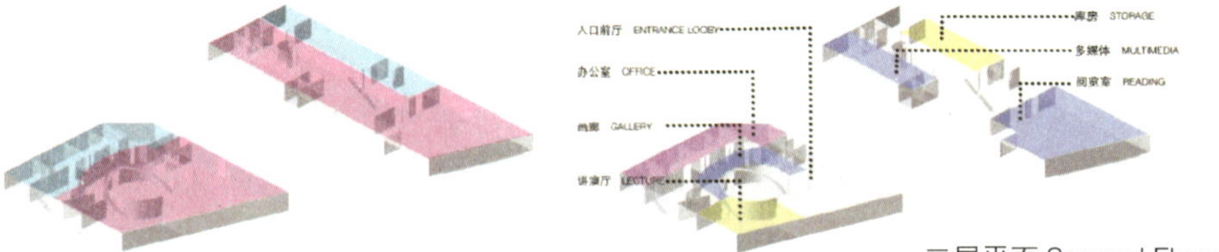
入口前厅 ENTRANCE LOOBY
库房 STORAGE
办公室 OFFICE
多媒体 MULTIMEDIA
阅资室 READING
画廊 GALLERY
讲演厅 LECTURE

二层平面 Second Floor

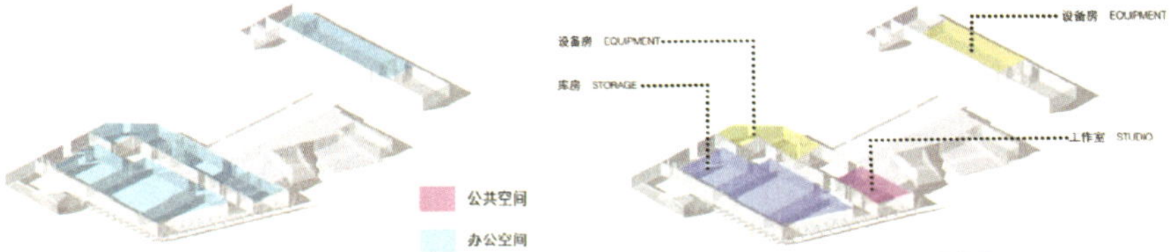
设备房 EQUIPMENT
设备房 EQUIPMENT
库房 STORAGE
工作室 STUDIO
公共空间
办公空间

一层平面 First Floor

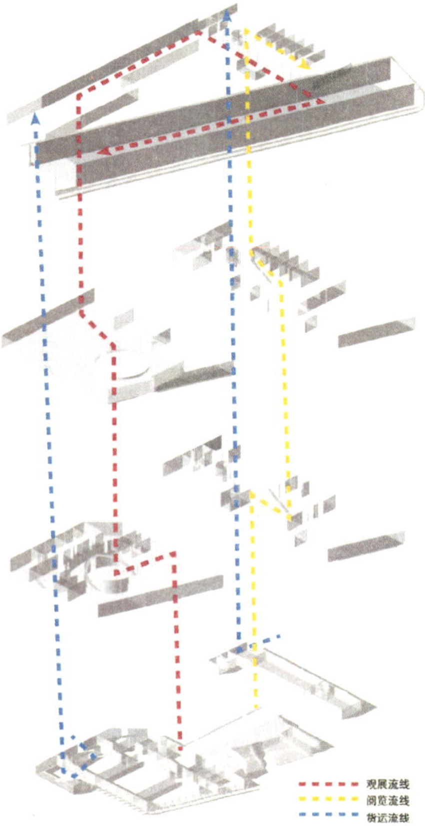
观展流线
阅览流线
货运流线

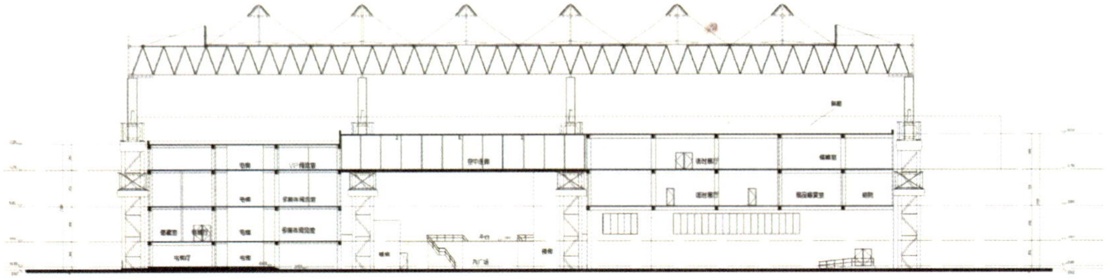

A-A 剖面 Section A-A

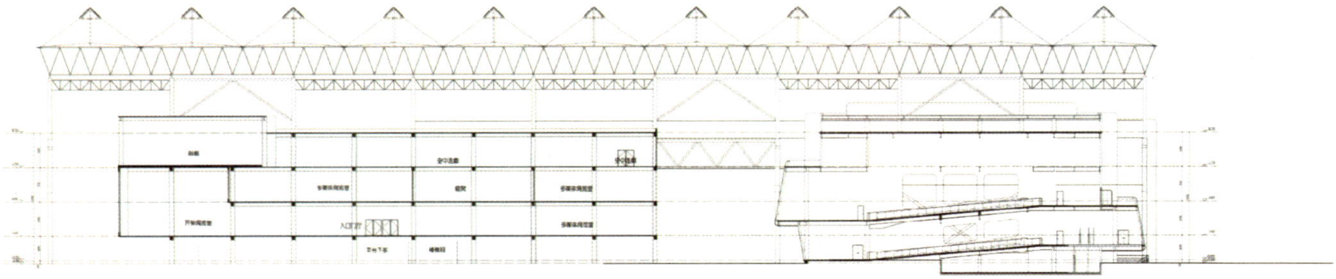

B-B 剖面 Section B-B

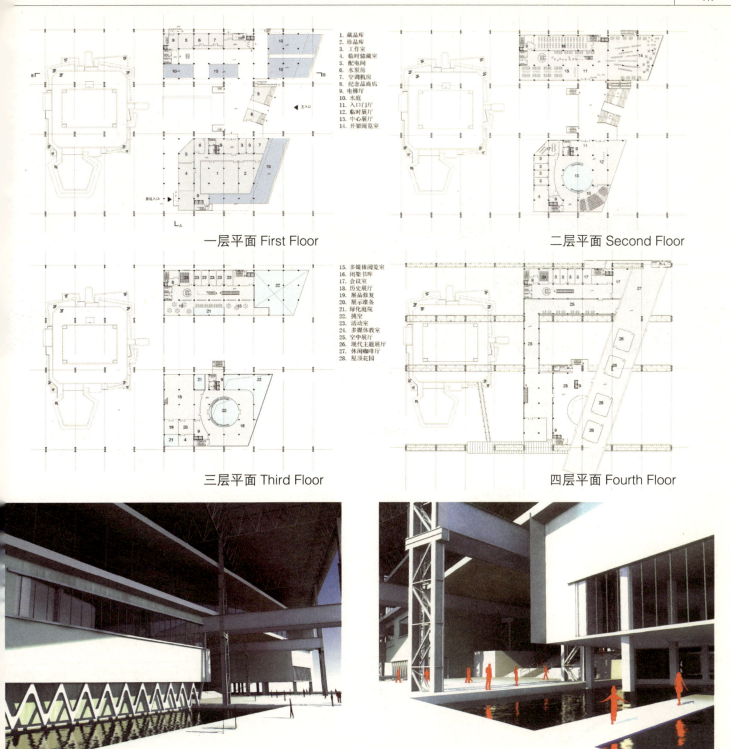

文化运输 Culture Transport
——集合文化与交通的多样化土地利用

指导老师：王海松、谢建军
设计成员：王 臣

摘要 Summary

世博会期间，除了建设有大量永久或临时性建筑，同时还建设了相当数量的基础设施，如何利用基础设施的便利性，对园区内部场地进行二次开发是一个急需考虑的问题。

轨道交通的可持续发展一直是众多大中型城市所关心的问题，而合理的土地利用和定位是轨道交通可持续发展的关键。纵观世博园区，可以发现轨道交通站点的设立对于园区内部的可达性帮助不够，而永久建筑的后续利用也并不能深入到普通的日常生活中，免费与公共性的场所日趋减少，这对园区整体的后续发展是十分不利的。

能否创造出一个集合交通与文化的场所，来对抗世博会后公共文化领域的收缩，使轨道交通成为带动公共文化场所的催化剂，使场地的多样化利用提升土地的价值？

A.设计策略 Design Strategy

A1.土地使用

以TOD为发展模式，强调土地的混合使用

A2.有轨电车

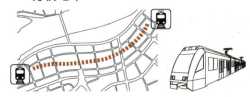

有轨电车作为对地铁的可达性补充

A3.公共交通联系

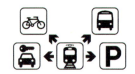

场地内密切联系多种公共交通的换乘

A4.公共文化场所

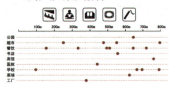

场地内以免费的公共文化活动为主

B.深化设计 Design Development

基地面积
29237.77m²

退界9m

主体量与主要轴线的确定

附属体量与次要轴线的确定

建立单轨交通系统及车站

基础设施的建立

整合后的图书馆与书店

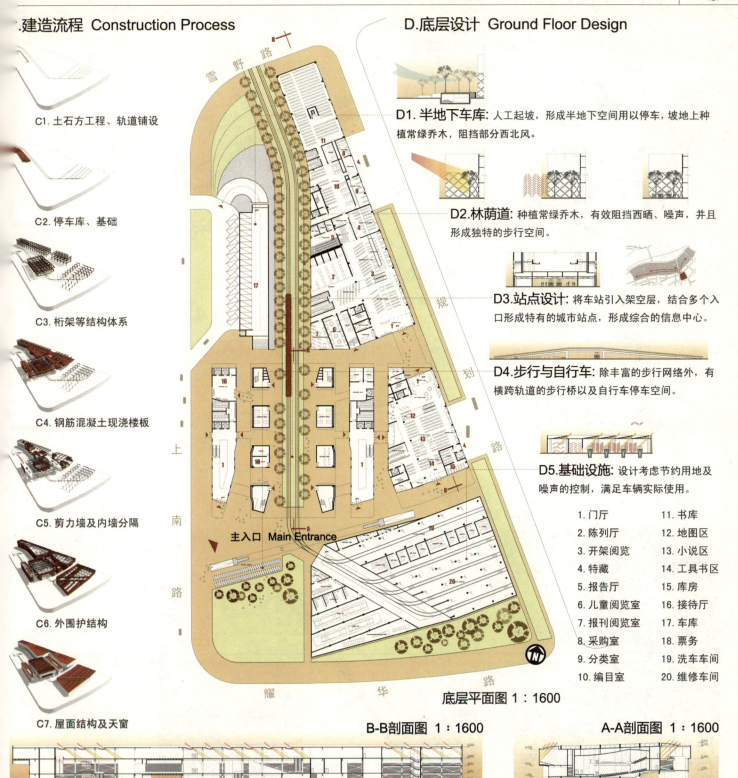

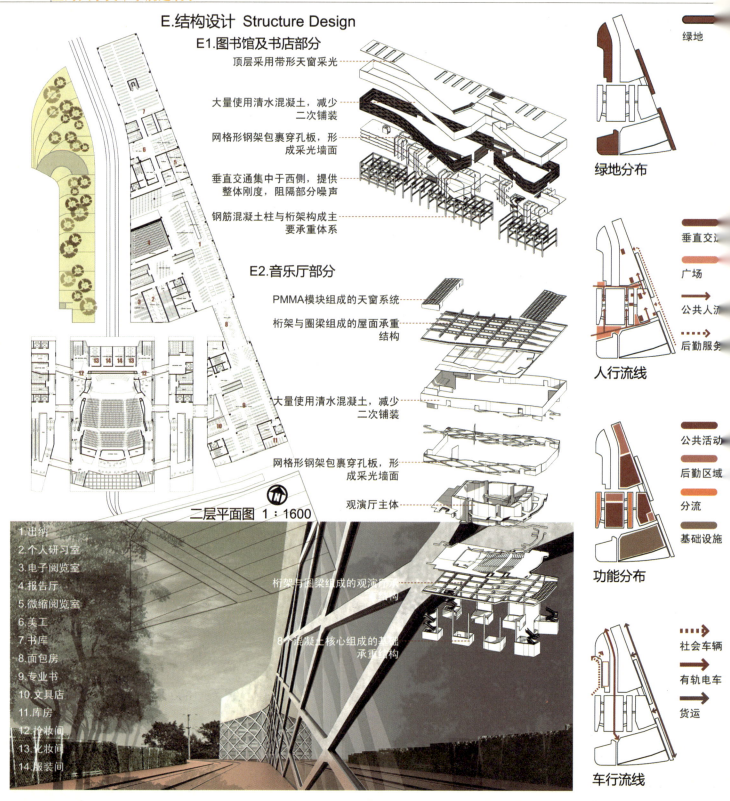

细部设计 Detail Design

1. 出纳
2. 绘图室
3. 自习室
4. 书库
5. 二手书专卖
6. 艺术类专区
7. 库房
8. 排练房
9. 便利店
10. 礼品店
11. 茶室

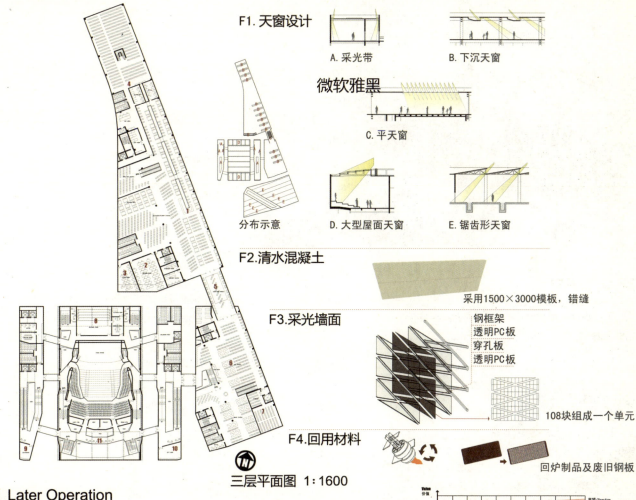

F1. 天窗设计
A. 采光带　　B. 下沉天窗
C. 平天窗
D. 大型屋面天窗　　E. 锯齿形天窗
分布示意

F2. 清水混凝土
采用1500×3000模板，错缝

F3. 采光墙面
钢框架
透明PC板
穿孔板
透明PC板
108块组成一个单元

F4. 回用材料
回炉制品及废旧钢板

三层平面图 1:1600

G. 后期运营 Later Operation

G1. 交通与文化的联动效应

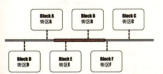

通过有轨电车将园区的若干街区连接，促进街区的开发及协同发展

有轨电车站点用于聚集人流，以及形成具有象征意味的文化站点

将交通、天气、活动、展出、讲座等信息通过LCD显示屏在站点传播

将有轨电车作为一种关于文化的宣传媒介

G2. 土地价值与经济可持续性

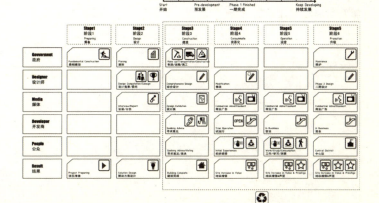

后世博研究
——宝钢大舞台再利用设计
The Reuse of Baosteel Stage at Post Expo

指导老师：王海松、谢建军
设计人：章 瑾

设计说明：

  世博会对城市的影响包括各个方面，本设计着眼于上海旅游业，希望新功能的转换能服务于人们游玩、娱乐的需求，以游乐场作为改造方向。

  游乐场建筑本身需具趣味性。在这个设计中，建筑功能与建筑形态的关系被作为重点考虑。游乐设施的形态结合建筑结构，能够利用建筑现有框架承受荷载。同时厂房建筑特有的钢排架形式成为增加游乐刺激性的途径之一。

  每一次改造都会在建筑中留下痕迹。设计中以不同颜色予以区分。于此，建筑的生命历程得以清晰呈现，这也是对建筑，对每一次改造的尊重。

01 特钢三厂结构分析

总体特征
- 单层钢结构厂房

结构特征
- 主厂房钢梁柱距为9m（13a号~14a号为6m）
- 主厂房钢梁柱高度24m 炼钢平台（约1500m²，距地面5m）
- 连铸车间钢筋混凝土结构柱柱距为12m（1号~2号为17m）
- 连铸车间钢筋混凝土柱高度30m

立面特色
- 主厂房屋面三个生产用排烟烟罩
- 生产用行车梁

主厂房（钢结构排架 8660m²）
连铸车间（混凝土排架 2540m²）

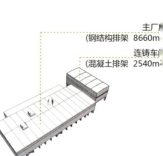

主厂房钢结构排架

连铸车间钢筋混凝土排架

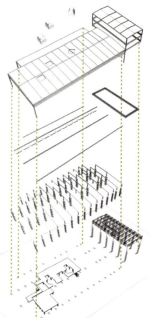

02 宝钢大舞台结构分析

总体特征
- 开敞景观式观演场所

改造
- 部分格构柱拆除、置换
  （11a号~14a号）
- 连铸车间钢筋混凝土柱碳纤维加固
- 排烟烟罩加固

加建
- 外立面绿化植物墙
- 二层设大小两个演出区及公共活动空间
- 一层设演出配套设施及设备区
- 室外绿化、水系

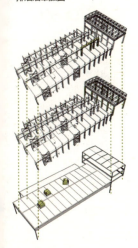
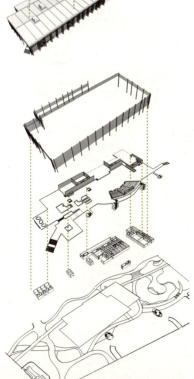

小演出区 (300座)
大演出区 (固定1000座, 临时1000座)
卸货区

03 游乐场结构分析

总体特征
- 半开敞游乐场所

改造
- 加固部分原厂房格构柱及行车梁以支承游戏设施
- 局部调整宝钢大舞台加建的二层平台
- 局部改造宝钢大舞台在一层改造的水池
- 拆除部分座椅

加建
- 游戏设施
- 自承重的外围护结构

异型玻璃立面的水平剖面与垂直剖面 1：70

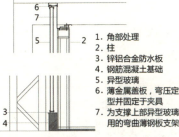

1. 角部处理
2. 柱
3. 锌铝合金防水板
4. 钢筋混凝土基础
5. 异型玻璃
6. 薄金属盖板，弯压定型并固定于夹具
7. 为支撑上部异型玻璃用的弯曲薄钢板支架

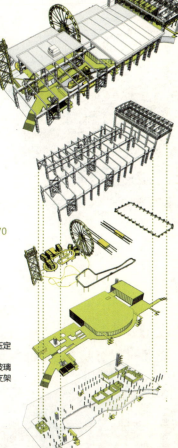

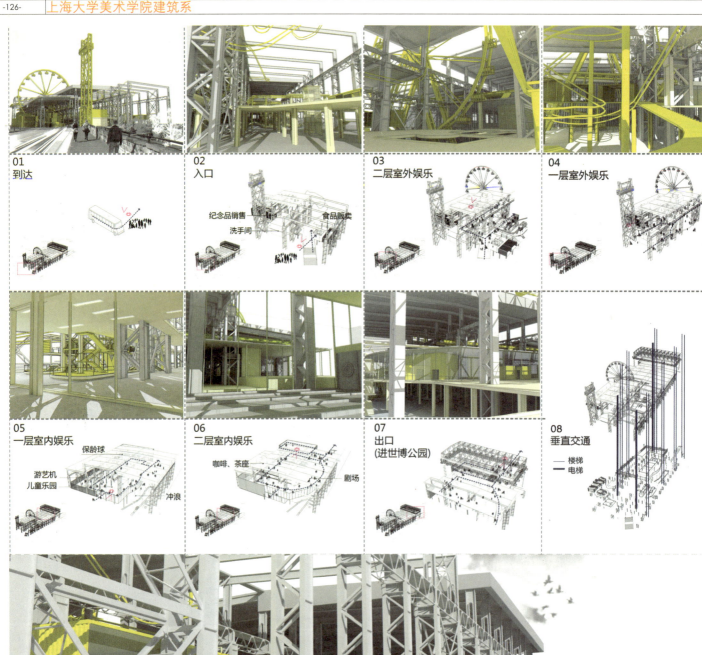

| 01 到达 | 02 入口 纪念品销售 / 洗手间 / 食品贩卖 | 03 二层室外娱乐 | 04 一层室外娱乐 |
| 05 一层室内娱乐 游艺机 / 儿童乐园 / 保龄球 / 冲浪 | 06 二层室内娱乐 咖啡、茶座 / 剧场 | 07 出口 (进世博公园) | 08 垂直交通 —— 楼梯 ━━ 电梯 |

剖面

北立面

世博园（地块）建筑再利用设计
滨水公共空间——游艇俱乐部设计

世博会选址

爱知

里斯本

汉诺威

塞维利亚

区位图

上海世博会选址与往届选择在城市边缘产生强烈的反差，5.28 km² 的世博园区为何在城市中心横伸？

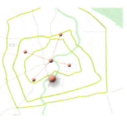
城市副中心

主要商业区

浦江节点

选址原因

1. 南市发电厂
2. 江南造船厂
3. 上钢三厂
4. 老厂房
5. 棚户区

20世纪90年代以来，上海加快城市建设步伐，旧城区改造取得令人瞩目的成就。在这种背景下，21世纪初，黄浦江两岸反倒成了上海中心城区中旧区最为集中的地区，工业、码头、仓储用地比例高，公共设施缺乏，生活环境质量差，已是大规模旧城改造所剩不多的集中地之一。这些夕阳产业，失去发展空间，严重阻碍了城市的发展，降低了城市的生活品质，阻碍了市民亲近江水，有待置换。对于上海市民来说，一个朴素的需求就是：能走到江畔，能拥有贯通的滨江公共空间。世博选址在这样的背景下确立，置换原有功能，提高生活品质，拓展区域发展。

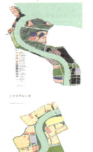

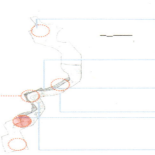

优越的地段优势，原有业态以第二产业为主 + 污染严重的厂房，缺少公共基础设施的棚户区

世博园（地块）建筑再利用设计 II
滨水公共空间——游艇俱乐部设计

世博会带来了什么？

快速交通道　　主要交通道路

世博后保留建筑　　轨道交通　　水运码头

世博会的召开置换了原有基地性质的同时，大大提升了世博园区周边的基础设施的建设水平，生活环境质量明显得到了质的飞跃。在世博结束之后，园区将重新融入城市走向多样性的发展，如何最大限度地利用优越的基础设计，更好地服务于城市，成为一个重要课题。

可遇见的世博后

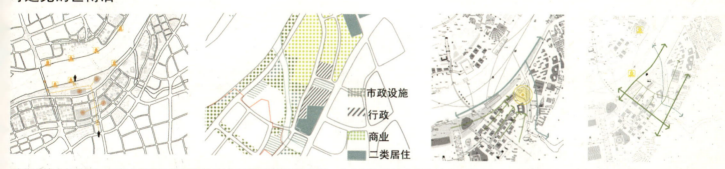

市政设施　行政　商业　二类居住

随着世博会的结束，只有少量的重要场馆作为城市重要建筑群被保留，它们引起的聚集效应使得多样性人流沿小范围单一向流动，无法更好地促进地块多样性发展，重新融入城市，为此我们选择白莲泾地块，发挥其与保留建筑群的位置关系，扩大影响范围，呼应滨水空间建设。充分利用基础设施服务城市。

后世博原则

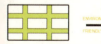   环境友好 园区内的部分硬质铺地再次设计变为绿化  世博会的再利用 园区内其他硬质地面结合广场设计以继续利用，绿化全部保留

可行性分析

滨水空间可能性：滨江公园、生态湿地、水上游乐场、度假村、游艇俱乐部

上海游艇业发展的 SWOT 分析

Strength	Weakness	Opportunities	Threat
良好的外部环境	没有完善的法律、法规	2010Expo	地区经济发展速度下降，放缓游艇发展步伐
上海对外开放的优势条件	缺少专属的码头航道	海派文化较浓	游艇普及率不高
易接纳外来文化、资金、技术	游艇发展基础一般、数量少	政府意识到重要性	某些地区沿海水域情况不好
消费能力、经济水准较高	观光航线内缺乏布局合理的景观	经济水平高，潜力巨大	
水资源优势	当地居民业余时间少		

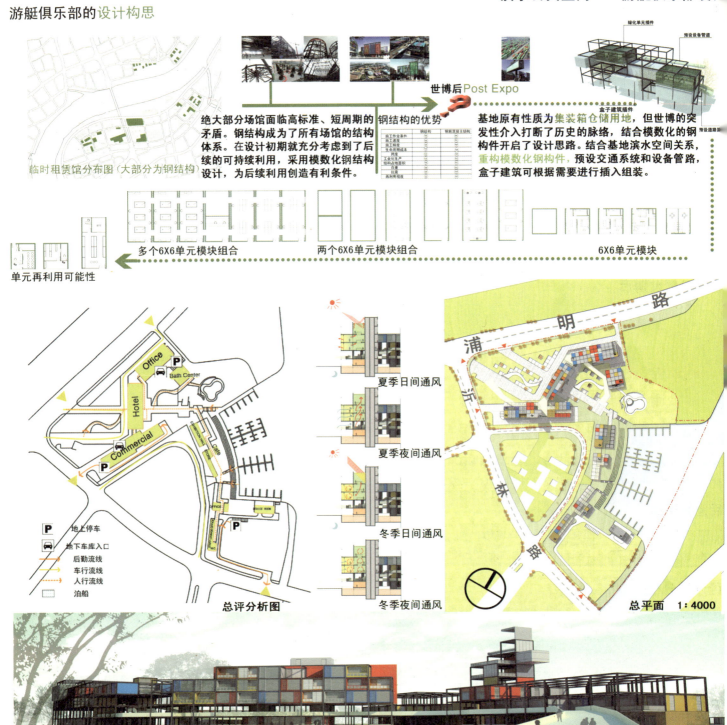

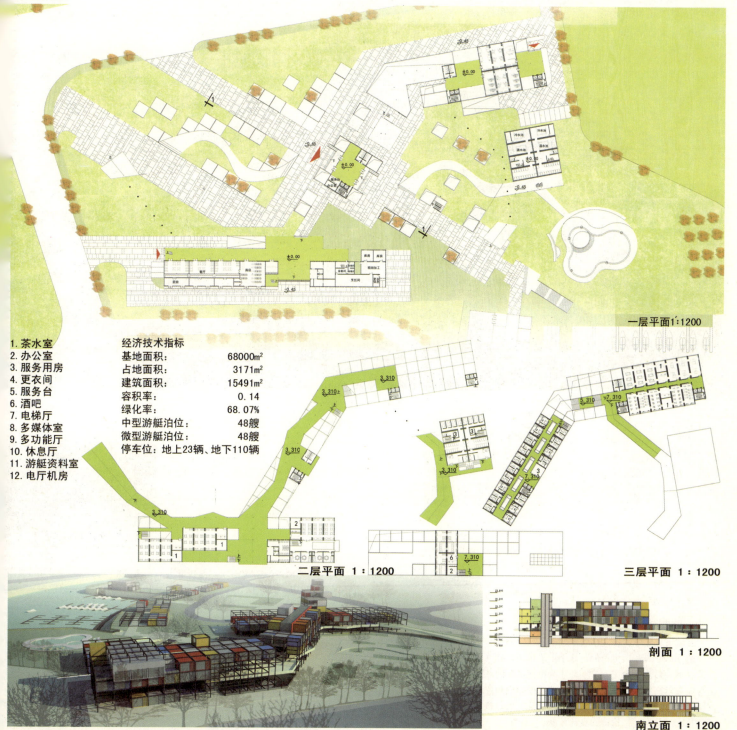

绿色渗透 Green Infiltration
——江南船厂的生态恢复与改造

指导教师：丁圆
学生姓名：成旺蜇

鸟瞰图

导师简介：

丁圆，男，1970年2月生于江苏省无锡市。

1992年毕业于苏州城建环保学院建筑系（现苏州科技学院），获工学学士学位。2003年毕业于日本国立三重大学工学研究科，获工学博士学位（建筑学）。2004年完成日本国立三重大学博士后研究。曾任日本国立三重大学综合研究所研究员、工学研究科教学研究助教、日本（株）北川组建筑设计师等。2004年后任教中央美术学院建筑学院，副教授、景观设计专业负责人、教研室主任、第12工作室导师、硕士研究生导师。

现为中国建筑学会会员、日本建筑学会会员、中国科协流行色协会建筑环境色彩委员会委员，教育部高等学校艺术设计专业培训专家、高等教育出版社艺术教育特聘专家，北京联合大学师范学院艺术设计专家咨询会委员。

A. 项目区位

世博会场包括浦西部分和浦东部分，浦西部分跨越了卢湾区和黄浦区，浦东部分处于浦东新区内。世博园区横跨黄浦江，西接老上海，东接新上海；一边是历史积淀下来的带有传统老上海气质的旧城，一边是城市发展、改革开放的先锋区域。产生了两种城市肌理的碰撞，更利于其本身的吸收和发展。

导师点评：

在城市化无序扩张、土地功能频繁更替的今天，我们很少会顾及土地本身固有的自然属性和历史文化积累的承继，带来了环境破坏和认知的迷惘。上海世博会的强势介入和后世博的再次手术般革新，抹煞了工业文明的痕迹的同时，又再次抹煞了世博会聚起的新标志。该设计方案就是站在人与环境友好共生的前提下，传承原有工业文明与现今世博文明的双重价值，发挥土地固有的自然与社会属性。利用绿色渗透的理念，恢复黄浦江岸自然的生态模式，将绿色与城市紧密结合起来。利用船坞的工业印记和生产功能，展现工业文明的魅力，又可建造生态浮岛，培育新绿洲。兼顾后世博的垃圾问题，利用拆除的混凝土等变废为宝，成为景观的构成部分，通过植物的自然修复，展现环保低碳的现代生活观念。整个设计无论理念与态度，还是设计细节，都紧扣主题，细致周密，是有开拓价值的设计作品。

1. 城市化思考

人类城市由中心到周边摊大饼地发展，一步步地蚕食渗透大自然。

城市带来大量的生产、大量的消费，确实为我们带来巨大的便利和富足。

但是城市化的背后，也同样带来了巨大的污染，破坏了我们的地球，甚至危及人类的生存。

城市化当今变成一个谈虎色变的话题。等同于环境污染、犯罪率居高不下、社会保障制度缺失······

在**反思城市化带来一系列问题**的国际背景下，在**中国当下惨不忍睹的环境现状下**，在城市如火如荼的土地建设中，世博园会后将如何交出满意的答卷（既能满足现代城市发展需要，又为子孙后代留下一点有益的东西）？

上海. 世博

中国城市化水平最高的城市。正处在中国汹涌的城市化浪潮之中。

这次是历史上最大规模的一次，而且为此在城市当中开辟这么一片土地，对原有的土地是一种强势替换和开发。

2000年　2010年

200多个展馆及占地1/5的硬质铺地将会拆除，将会产生大量的建筑垃圾和材料，会后该如何去处理？这些问题都鲜明地摆在我们面前。

2. 概念演绎

在河流的入海口，河流带来的大量泥沙，慢慢地形成广阔的冲积平原。

河流的冲击与城市发展是并成的，不断侵蚀着自然绿色，城市面积越来越广。

浦西的三座船坞势必淹没在上海城市化浪潮中。记载在这片土地上的百年工业文化价值和世博文化将一并被冲洗掉，这片土地历史也将荡然无存。

　冲积平原 →

   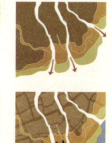

"城市化" →

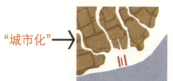

在内陆河流的入海口，淡水的冲击力会遇到来自海水的反渗透力。海水的渗透力能够分解和打乱来自淡水的冲击力，河流淡水带来的大量泥沙也被堆积成块斑状岛屿。

在浦西我们唯一可以依托的力量，那就是黄浦江——这条不自然的"自然"水系。/两股力量首先在滨水岸线交锋，单一直线被变化成多样的曲线。多样曲线可以形成水流的多样性。/城市携带着的泥沙（建筑废料、硬质铺地）、江水携带着的绿色（乔灌木、草地、水生植物、湿地等）相遇。绿色的渗透力加大，河流形成的冲积平原（城市中的硬质广场）被绿色力量分解成块块的山体（建筑废料构筑山）。/船坞这片土地由于有着浓厚的历史积淀，而形成深厚工业价值的岩石，遇到两股力量作用时，犹如海洋中的礁岛安然不动，形成"孤岛"。/自然绿色的渗透力仍然继续着，整个浦西世博园土地已被全部分解和渗透，绿色渗透带来的不仅仅是个概念的，被切割的建筑废料。山在植物和微生物的降解后将被重新利用，山体就变成植物群落和绿地。/真正进入城市，绿色的渗透力需要人工拉动和牵引，予以平衡城市化的力量，同时让城市内更加自然。浦西世博园区在渗透过程中形成了新的景观格局。

总平面图

D. 设计分析

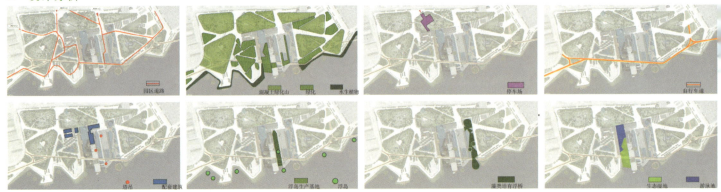

建筑废料被绿色渗透和分解

建筑垃圾缝隙填埋的培养土,为植物的生长提供基本环境。

自然的渗透促使着植物不断蔓延生长。

种子和根系的力量足以将废料渗透挤裂。

缝隙越来越大,缝隙中开始繁衍新的绿色。绿色渗透的作用力不断加大,建筑废料逐渐被绿色所覆盖和代替。

重点区域景观设计（一号船坞）

一号船坞是刚翻新的，在改造中结合二号船坞的浮岛生产，设计演绎成藻类的培育浮岛，从藏南隧道里提取藻类所需要的养料（二氧化碳）。为浮岛生产提供种子和藻类，同时也是生态藻类的学习体验基地。

形态演绎

1. 江南公园主入口
2. 江南纪念石
3. 江南纪念广场（轨道）
4. 镜水面
5. 跌水景墙
6. 滨江自行车道
7. 牡蛎栖息池
8. 水生植物池
9. 机械轮轴
10. 养殖浮桥平台
11. 水葱种植池
12. 芦苇种植池
13. 湿地
14. 鱼类养殖池
15. 步行散步道
16. 藻类养殖池
17. CO_2反应器
18. 藻类养殖池
19. CO_2管道
20. 收集二氧化碳
21. 混凝土山
22. 水生植物驳岸
23. 休息座椅

藻类培育岛剖析

结构支撑点

用二氧化碳养殖藻，既可减少温室气体污染，又可产生用途广泛的藻类生物能量。养殖藻类是控制和减少大气中二氧化碳的一种有效途径。

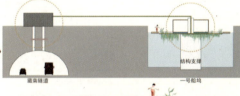

藻类养殖具有重要的经济和社会价值。可作为新型的高端有机肥料，安全无污染。

结构支撑点

水藻肥料丰富的中微量元素和天然生长调节剂可以提高植物的免疫能力，从而减少甚至是不使用化学农药。

水藻肥料丰富的中微量元素和天然生长调节剂可以提高植物的免疫能力，从而减少甚至是不使用化学农药。

效果图

藻类浮岛

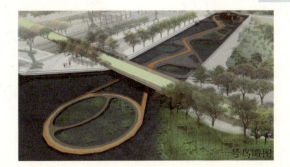
号岛瞰图

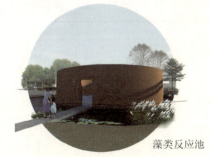
藻类反应池

F. 重点区域景观设计（二号船坞）

二号船坞的位置

二号船坞是历史最久的一座船坞，最有文化资质和生产本能。在改造中继续发挥它的生产和孕育本质，改后作为生态浮岛的建设基地重焕生命的活力，为黄浦江播撒生态的种子。将绿色渗透黄浦江，渗透城市。

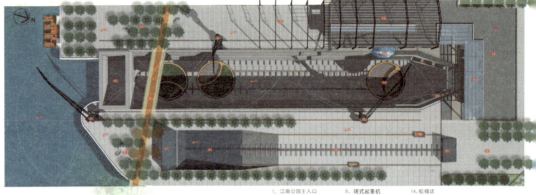

1. 江南公园主入口
2. 江南纪念石
3. 江南纪念广场（轨道）
4. 镜水面
5. 跌水景墙
6. 滨江自行车道
7. 堤岸休息区
8. 塔式起重机
9. 闸门
10. 码头
11. 条形树阵
12. 预留船台所架
13. 咖啡厅、餐饮建筑
14. 船楼店
15. 太阳能阳光板
16. 踱步-通桑船坞
17. 水下观景台
18. 浮岛
19. 轨道船

浮岛组成

双层金属网　　培养土　　漂浮层　　碎石维护层

培养土　　木栈道　　一层水面　　植物开始发芽　　植物开始生长

突破金属网　　成规模生长　　成规模生长　　微生物繁衍生长　　建立湿地系统

二号船坞的改造

现状有水　　现状无水　　铺设轨道　　塔式起重机　　配套建筑　　引水入坞　　生产结束

工业方式加以体现，船坞生产改成浮岛生产

效果图

人们参与浮岛生产

水下观光厅

重点区域景观设计（三号船坞）

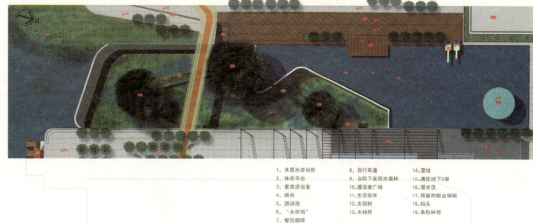

三号船坞的位置

三号船坞有着最便利的交通和使用人群，在设计中考虑增加更多的滨水公共空间，把滨水还给人们，让人们能重新接触到黄浦江的水。同时结合生态浮岛绿色渗透的概念在三号船坞建立了一片生态的湿地，有着自己的生态循环系统。人们可以参观和体验自然的湿地，找到城市中一片难得的生态绿色。

1. 木质水岸台阶
2. 休息平台
3. 更衣洗浴室
4. 跳台
5. 游泳池
6. "水帘洞"
7. 餐饮咖啡
8. 自行车道
9. 台阶下阳光森林
10. 建设者广场
11. 生态驳岸
12. 太阳树
13. 木栈桥
14. 湿地
15. 通往地下2层
16. 潜水区
17. 预留的船台钢架
18. 码头
19. 条形林带

剖面图

效果图

生态湿地

阳光森林

后世博宝钢大舞台改造——宝钢综合文化体验中心设计

指导教师：戎安
学生姓名：杜杰

历届世博研究

基地概况

宝钢大舞台原名叫上钢三厂，其前身是上海第一家民营钢铁厂——和兴化铁厂，是我国最早兴建的民营钢厂之一。辛亥革命后，上海民族钢铁工业开始崛起。和兴化铁厂变身为上钢三厂，其后又以浦钢公司之名并入宝钢集团，是上海钢铁工业的缩影。

 景观元素：黄浦江
 景观元素：桥
 钢铁金属元素

图底关系

世博解读

选址原因

 位于两条联系桥梁之一
 历史保留建筑的几何中心
 浦东浦西文脉连续中点
 黄浦江两岸开发重点

功能定位

新的现代服务业重要集聚区和滨江公共活动区
创意科技产业园区、住宅与商业区
滨江商务集聚地、居住、商业办公、绿化广场和滨江休闲

后世博功能规划　　宝钢为33个文化演艺活动的场地之一 世博会后规划中宝钢演艺功能将去除

基地选址

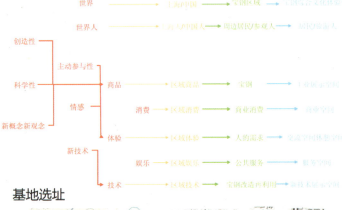

定位：宝钢将沿用规划中的绿地功能，同时结合自身工业遗产的性质，规划为工业遗产主题综合文化体验中心。成为居民参与活动场所，并集商业、旅游、游览等于一体。

细胞概念提出

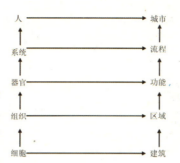
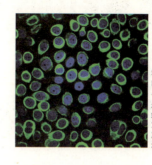

1960年新陈代谢运动,黑川纪章提出了,我们将由现代主义的"机械原理时代"向21世纪新时代的"生命原理时代"过渡。将其中"机械原理时代"理解为"机械体","将生命原理时代"理解为"生命体"。

细胞的启示:应对于宝钢的新功能,宝钢应该是一个融入周边环境的建筑区域,就像细胞一样融于细胞液,与其他细胞共同发挥作用,由此便形成了双向参与、互利共存的理念。

细胞和建筑的系统对应关系

细胞是一切有机体的形态结构、生命活动和生长发育的基本单位。如果把建筑看成是城市人工环境的基本单元,则细胞和建筑作为系统构成的基本单位,二者在组成结构、功能属性上有对应关系。

建筑就是生命体,建筑作为生命细胞具有生物体的相关属性,由一系列结构完整、高效运作、富有创新能力的功能体组成,建筑细胞各功能体由统一的结构及骨架来支撑。这些功能体是进行建筑活动的必要场所,也是构成建筑细胞体的基本功能组成部分。

方案方向

细胞膜—围护结构
建筑的空间与外部环境的设计手法:
1. 用玻璃的外围护体系来消除建筑与周边的连接,连续的透明表皮使得室外风景和室内景象相互交融,建筑的实体空间弱化。
2. 四个方向的入口弱化建筑正面特性的威严性,提高可达性,对周边形成向心力,吸引周边居民进入。

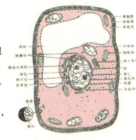

细胞质基质—休憩空间
细胞质基质为细胞内各种生命活动提供必要的生存内环境,是细胞器之间以及与其他细胞间能量物质交换的通道。在设计中,将各个功能性空间看做每个细胞器,之间的公共空间采用网格式交通,具有了更多的流动性和可达性,涵盖了交通和休憩的双重功能。

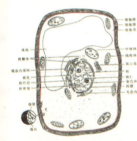

细胞质骨架—支撑结构
细胞质骨架为蛋白质纤维,石细胞的支撑结构,在设计中力图将其消解,转化为弧线,使得传统感觉上的墙体弱化。

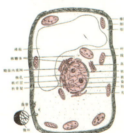

细胞器—功能空间
将各个功能空间由以前分区明确、布局紧凑、功能相连的感觉打散,让人们穿梭于各个功能空间中去体验。这些被打散的空间的格局源于以前工业厂房空间的总结归纳。

对于细胞与建筑之间的比较,为了达到细胞融于环境,可以得出以下建筑设计方法:表皮消解、结构弱化、交通休憩空间的开放、功能空间的分解等,最终达到功能融于建筑,建筑融于环境。

方案的几种可能

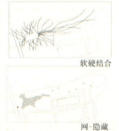
软硬结合

管道支解

膜

细胞分解

基地化解

意向模型

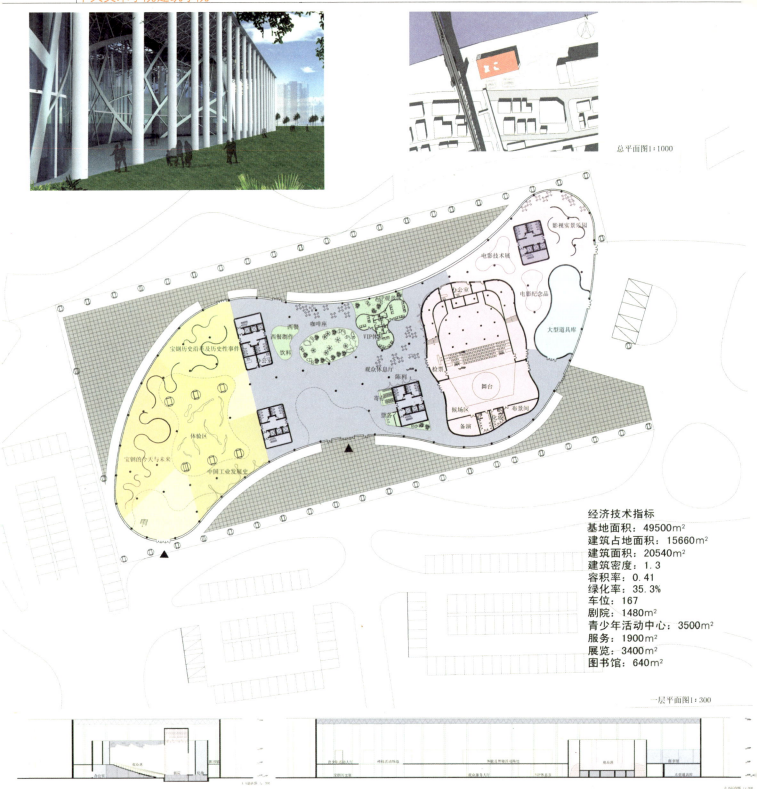

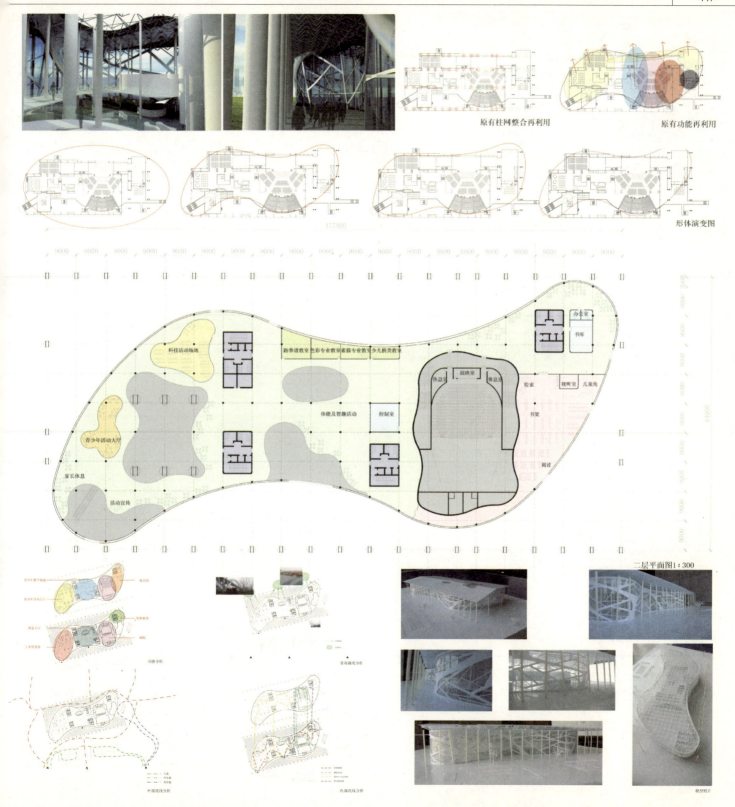

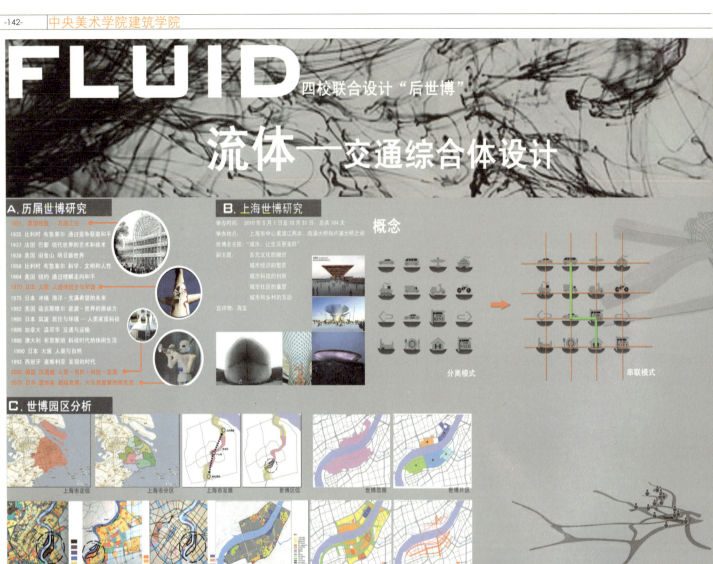

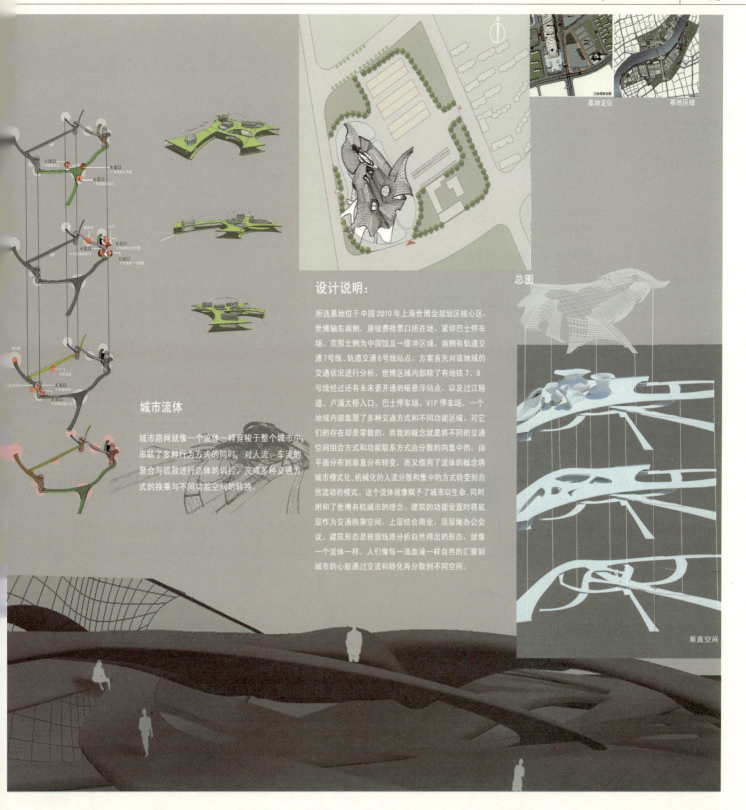

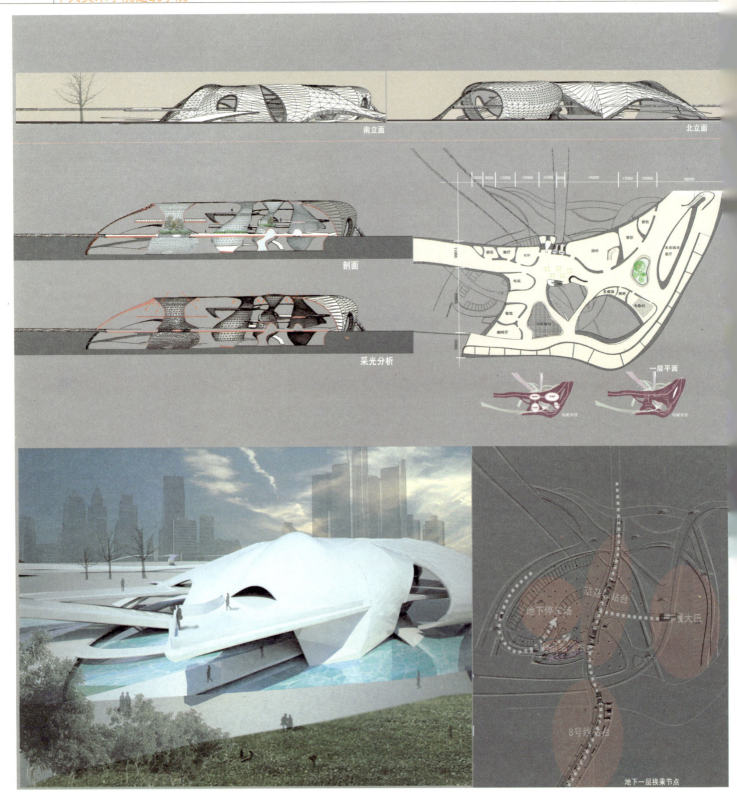

FLUID

——交通综合体

建筑经济技术指标		用地平衡一览表	
娱乐	2000 ㎡	基地面积:	32357㎡
舞厅	2500 ㎡	建筑占地面积:	16800 ㎡
KTV	3000 ㎡	建筑面积:	84600 ㎡
电玩	1000 ㎡	建筑密度:	51%
餐饮（12）	3000 ㎡	容积率:	2.61
酒吧	1000 ㎡	绿化率:	40%
咖啡厅×2	800 ㎡		
网吧	600 ㎡		
电影院	3500 ㎡		
管理用房	300 ㎡		
地下停车场	2300 ㎡		
交通换乘	8000 ㎡		
体验空间	4000 ㎡		
库房	500 ㎡		
服务房间	300 ㎡		
卫生间（共50蹲位）	200 ㎡		
功能：39%　开敞：61%			

效果图

绿色·交流
——后世博规划及办公综合体设计

指导教师：戎安
设计成员：王斐然

【摘要】
历届世博会的举办都对举办城市产生了巨大的影响。上海世博会的选址决定了它对城市发展方向的巨大影响力。上海世博会的主题是："城市，让生活更美好"。作为对过去城市发展模式的反思，后世博给我们留下的更多是可持续发展的理念。根据上位规划，白莲泾地块的用地性质是行政办公。因此，方案的设计以创造一种生态贴近大自然的办公方式为设计出发点。

城市范围内基地周边环境

鸟瞰图

基地周边环境　基地区位图　现有城市肌理　建立新的道路通达性　新的城市肌理

1.基地水环境　2.基地绿色环境　3.模数划分基地　4.交通组织　5.绿化组织　6.总图　7.绿化节点

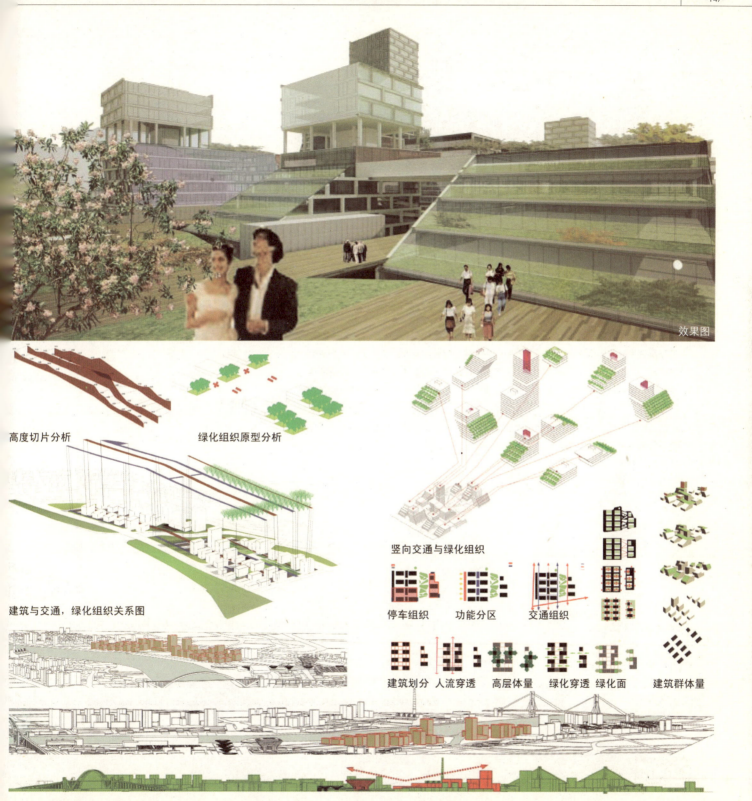

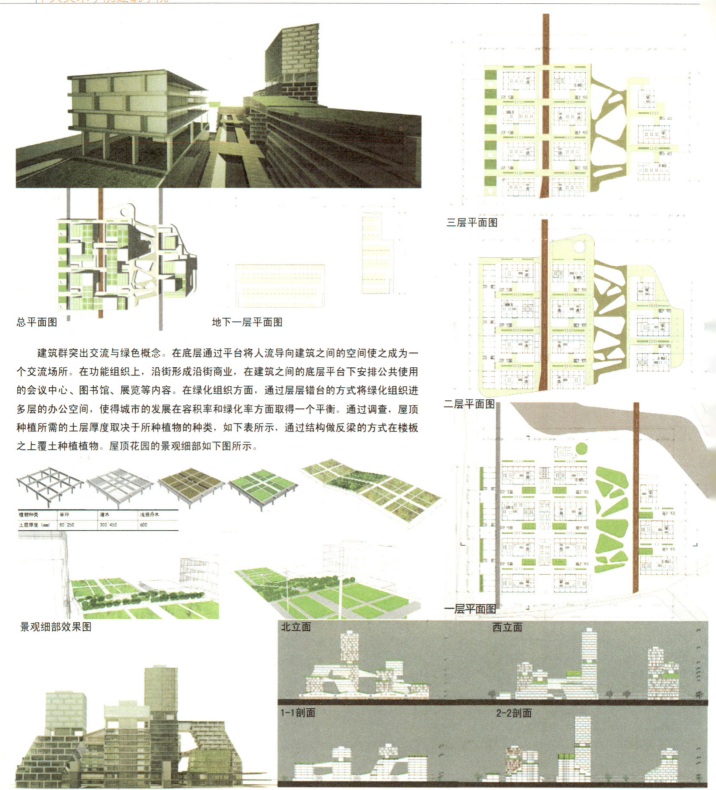

总平面图　　　　　　　地下一层平面图

建筑群突出交流与绿色概念。在底层通过平台将人流导向建筑之间的空间使之成为一个交流场所。在功能组织上，沿街形成沿街商业，在建筑之间的底层平台下安排公共使用的会议中心、图书馆、展览等内容。在绿化组织方面，通过层层错台的方式将绿化组织进多层的办公空间，使得城市的发展在容积率和绿化率方面取得一个平衡。通过调查，屋顶种植所需的土层厚度取决于所种植物的种类，如下表所示，通过结构做反梁的方式在楼板之上覆土种植植物。屋顶花园的景观细部如下图所示。

景观细部效果图

三层平面图

二层平面图

一层平面图

北立面　　西立面

1-1剖面　　2-2剖面

安蒂基西拉机器
——荒弃五百年·人类历史博物馆

指导老师：戎安
学生：徐迥行

设计说明

假设世博之后五百年没有人类的参与，而在这其间人们建造了人类历史博物馆，自然对建筑与环境慢慢修复，以万物自身看似无序其实最有序的生长侵占建筑与土地。而后人再次来到这里，如何感知与反思？

我们从看得更久远再回过头看近前或许能找到更好的方向。而我一相情愿地认为当事物被完好地呈现在人们眼前时所引发的思考与探索没有当一个事物被折损或掩藏起来时所引发的那么强烈。

将差异的空间实现和发生融入此时此地，这种意义指向时间化的结果，使得其意义在于永不能确定的主观性。

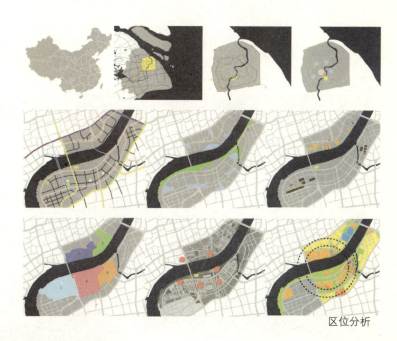

区位分析

效果图

立面

效果图

一层平面

二层平面

三层平面

四层平面

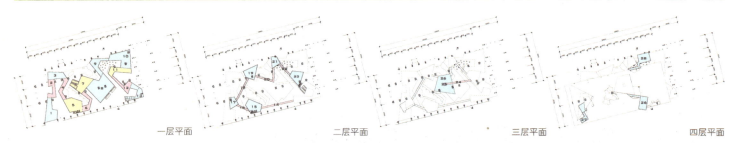

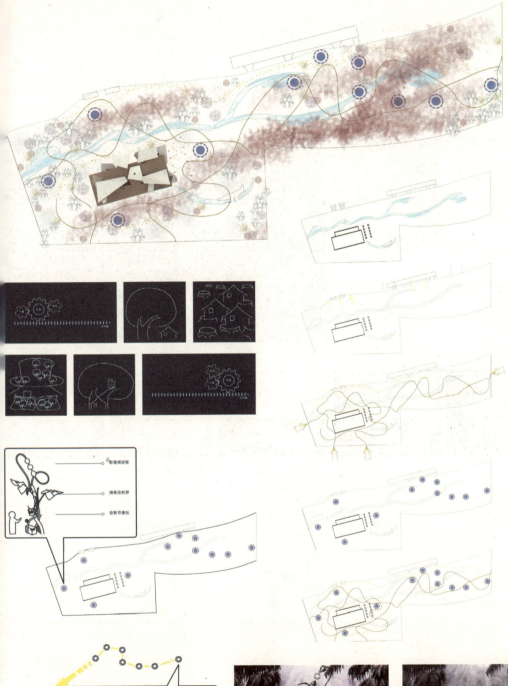

人与自然分别存在并作用于空间的同时，加上时间的概念，使得人与自然在时间的推移中慢慢相遇。假设这个时间是五百年……

因此寻求第五种建筑与自然相互存在的状态，让自然成为建筑的一部分，却并非是木讷地呆在建筑里扮演人们设定好的角色；让建筑成为自然的一部分，经受自然雕琢和侵蚀，遗留的工业机器与人们互动并成为新自然。

并非只有建筑会被自然改变，还有陆地、海岸线、植被、水体、道路等皆因时间的推移而变迁或生成出一种优美的自然状态。

从曲折艰难的最初蒙昧时期、科学奇迹屡现飞速发展的时代、人们开始思索灭亡的时刻、希望不灭获得重生这四个时间段来构造建筑空间。用不同的材质、空间形态、阅读方式和视线来构造这四个不同的时期，并获得与惯有的展览空间不同的参观体验以及思考。对人类自身、历史，还有自然万物有所探寻、有所记忆、有所感知，获得不同的体验与感悟。

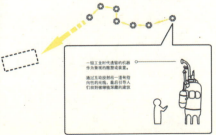

压缩包 宝钢大舞台世博后改造
The Compression Package

作者姓名：杨晨
指导教师：戎安

摘要

旧工业建筑再利用必须站在城市的视角来设计，不能只单纯保留有价值的单幢历史建筑而忽略地块。作为个体，旧建筑不具备历史重要性，而作为功能与形式的组群，它们却代表着有关城市的记忆。针对世博园区只有单体建筑保护与改建的现状，在工业形态区域性的保留已经不可行的情况下，寻找如何使单体建筑及其周边地块储存整个工业厂区信息的方法。

通过"压缩包"的原理提出了压缩与解压的概念，从而实现尺度置换后的信息储存。即一方面将工业建筑空间结构模式的区位关系转化为基地的平面布局关系，另一方面收集工业厂区的碎片将其整合进基地建筑中。通过工业厂区意象的压缩来唤起人们对工业文化的回忆。形成每一个节点都成为一个感性的解压。

从而完成世博后宝钢大舞台及其周边基地对工业记忆的保留。

基地陆路交通图　基地步行交通图　基地配套公交站点分布图　基地配套地铁站点分布图

基地水陆交通图

研究范围

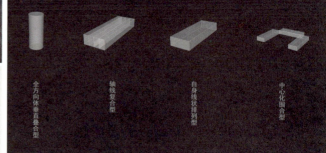

以世博园区为范围，将工业厂区的信息压缩到基地建筑中

提取出建筑类型，在类型的基础上生成相对小尺度的建筑空间

通过拓扑关系的演变将城市尺度的空间区位关系缩小到基地的空间尺度。

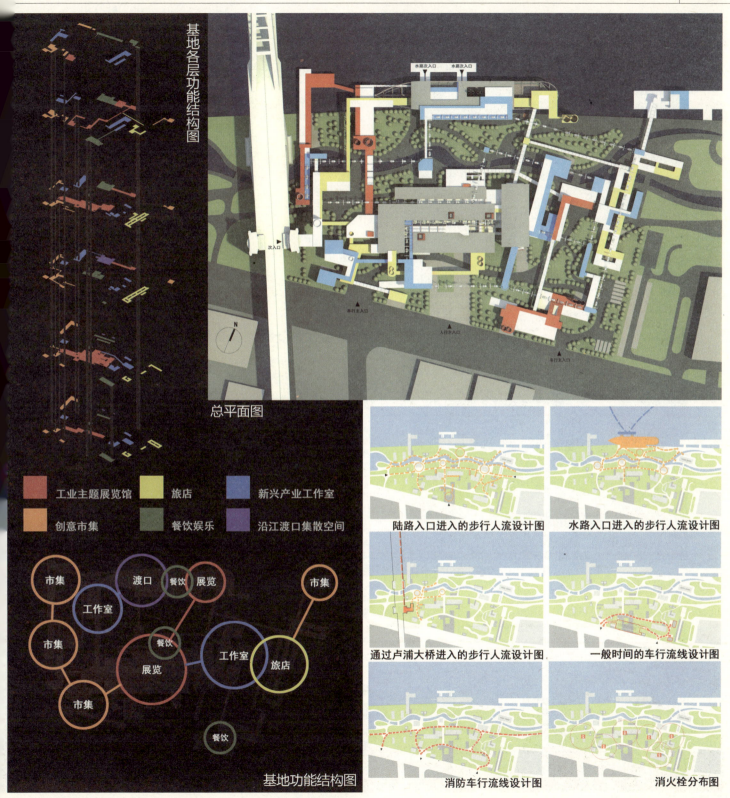

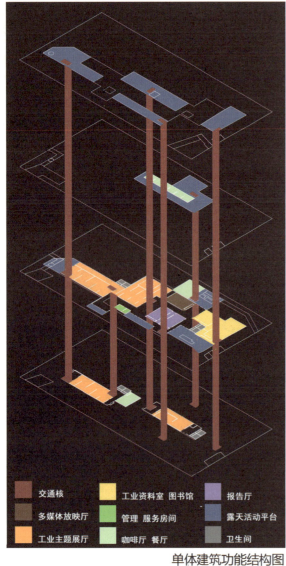

单体建筑功能结构图

图例：
- 交通核
- 多媒体放映厅
- 工业主题展厅
- 工业资料室 图书馆
- 管理 服务房间
- 咖啡厅 餐厅
- 报告厅
- 露天活动平台
- 卫生间

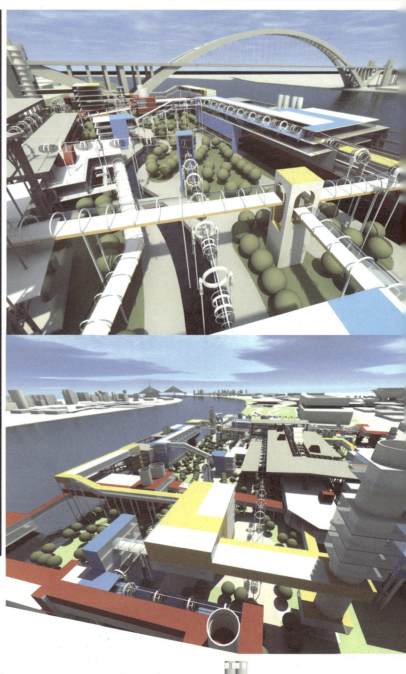

整体南立面图

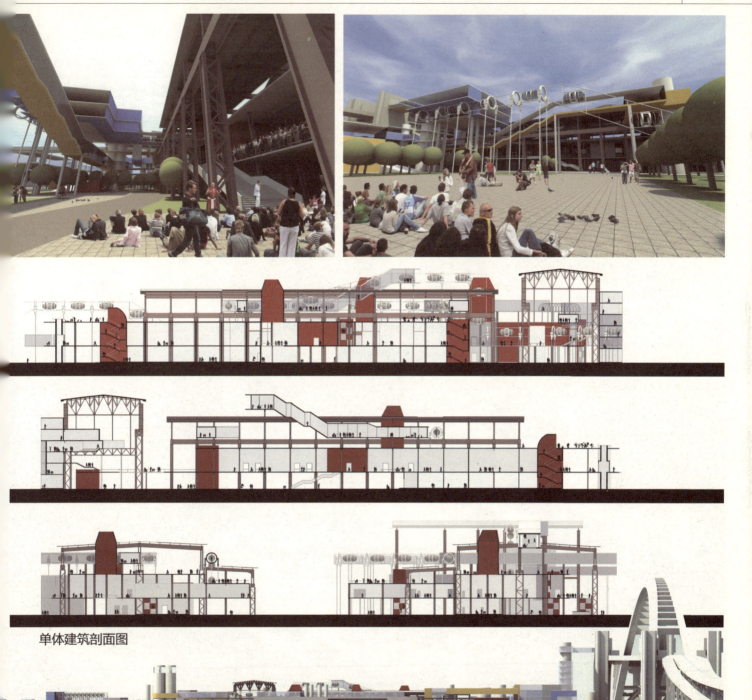

单体建筑剖面图

整体北立面图

针对世博会的使用性质，本来有很多传统厂房可以利用，并不需要拆除，这样做更尊重历史更环保。本设计将世博园区内的旧工业元素收集整合再利用，旨在说明这些传统厂房、历史的遗迹，经过改造完全可以适用于现在的生活，它是可持续的载体。

船坞渡口的细部设计

江南造船厂的弃船和建筑结合的创意空间

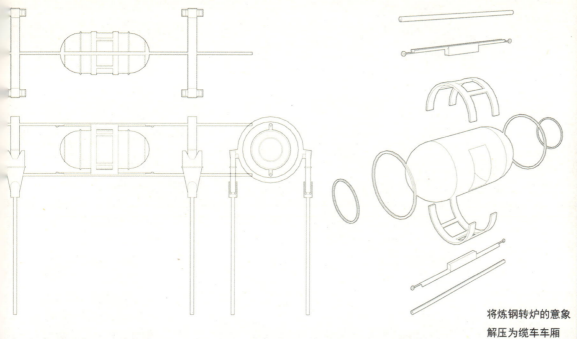

将炼钢转炉的意象
解压为缆车车厢

园区内的缆车游线规划图

缆车载具的细部设计

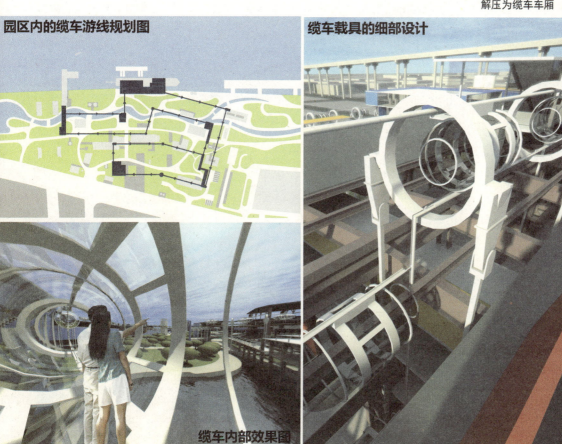

缆车内部效果图

模型照片

连·动 Connect & Move
——后世博园的交流中心

指导老师：戎安
设计学生：于文卿

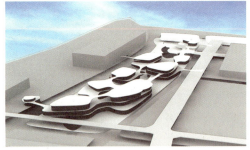

方案定位 Project Orientation

希望通过对这块基地的处理加强园区的流动感与活力，充分联系周边建筑及环境，增加人流动线。并从功能上为世博中心与主题馆提供补充，从而加强几个建筑功能上的联系。根据后世博园开发的国际商务中心定位，增加商务与会议展览的联系，并为未来商务发展提供条件。同时加强建筑与环境的互动，形成开放式的新型商务建筑。

选址 Site Selection

通过对世博园区的调研，发现确定保留的一轴四馆功能独立，自成体系，相互之间缺乏联系与互动，因此选择了靠近世博中心、主题馆及世博轴的基地。

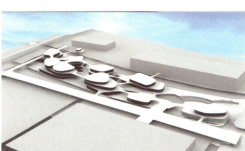

方案生成 Project Commence

加强建筑与周边建筑、环境及与人行高架的联系，从地下层、地平面层、高架层建立直接联系，创造丰富的交通流线，建立人流联系。分解建筑体量，与一轴四馆产生对比，并使建筑与环境交错，加强室内外的互动，增加与室外环境的接触，更多地引入自然景观。功能上加强与会展相关联的功能，如报告、宴会、商务会所、电子阅览等功能。加强开放式、交流性强的功能，如开放论坛、洽谈等。同时配备辅助的餐厅、茶座等。通过多流线与开放空间加强建筑各部分之间的联系。强调步行交通系统、对外部环境的关注，寻求建立绿色低碳的商务园区。

总平面

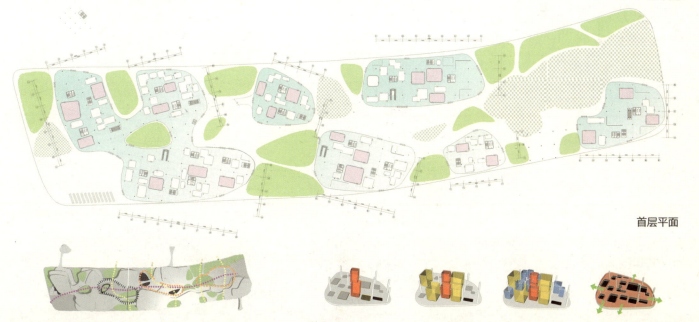

首层平面

景观路径与节点

室内空间构成

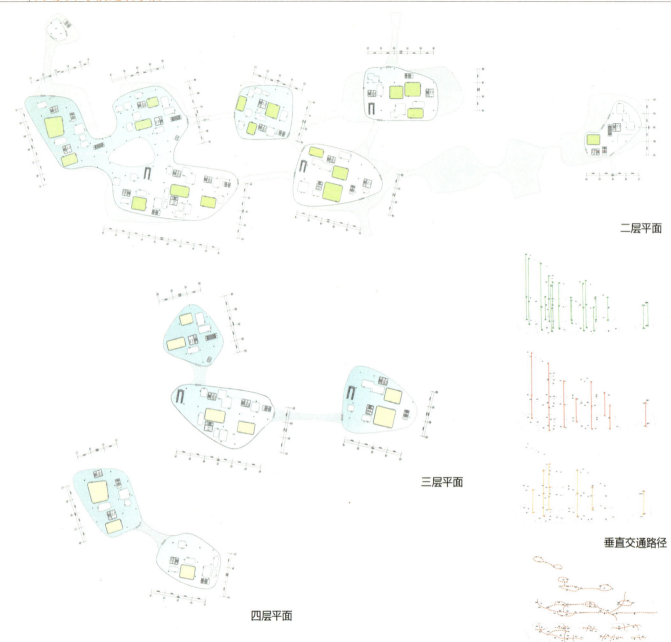

二层平面

三层平面

四层平面

垂直交通路径

水平交通路径

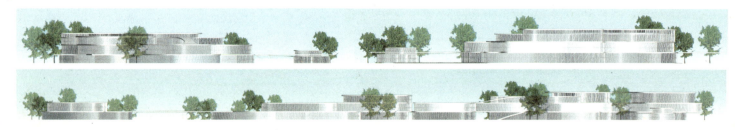

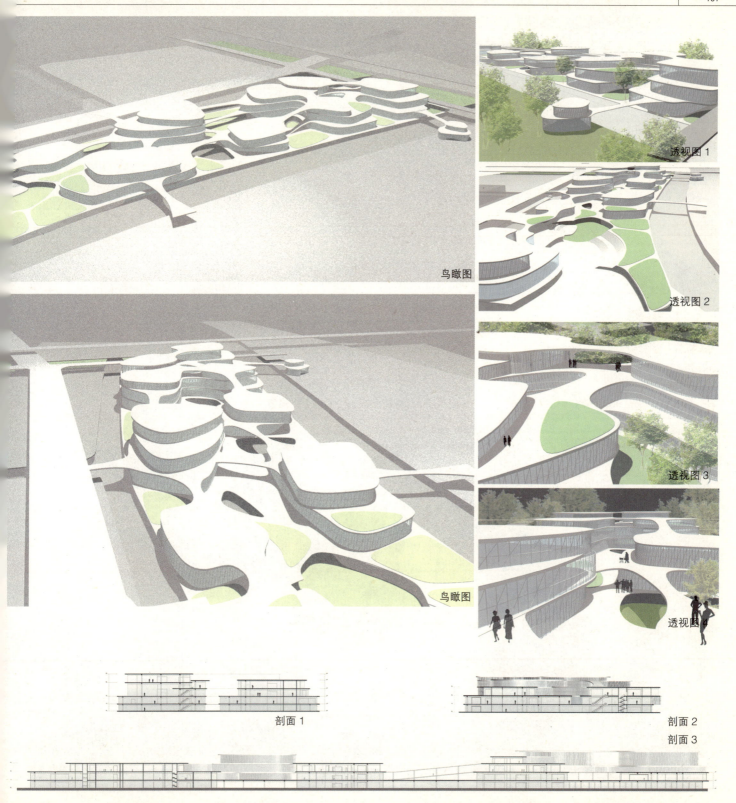

工业文化给这个城市创造了大量的历史遗产，在这块土地上产生了很深的记忆。随着世博会的举行，造船厂发生根本性的变迁，世博带来一种新的发展，也导致了一场新的发展革命，造船厂虽然搬了，但和那些移不走的船坞、厂房一样，搬迁带不走积淀在这片土地上140年的历史和沧桑，这里有几代人的记忆，这里曾经是创造无数生命奇迹的地方，具有时代的记忆，我们不能忘却历史留给我们的辉煌。

Post Expo Program
后世博设计——四校联合毕业设计营
学生姓名：曹晓飞
指导教师：丁 圆

红色记忆

每个人的生活环境、生活方式、价值趋向不同，使得个人对生活的态度和判断不同。最终都是身心体验的过程。这其中也包含了一些社会因素。

   船坞与±0.000关系

 船进入船坞的状态

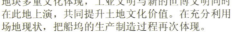

地块多重文化体现，工业文明与新的世博文明同时在此地上演，共同提升土地文化价值。在充分利用场地现状，把船坞的生产制造过程再次体现。

   船离开船坞的状态

江南造船厂时期的土地肌理脉络（塔式起重机运动轨道），如同人的足迹一样，遍布整个场区，世博会的介入使土地的属性发生根本性的变化，工业的痕迹也慢慢消失。对于工业的辉煌成就，现在留下的只有痕迹和记忆。

我们的态度是尊重历史、尊重城市历史文脉。
百年积累起来的工业文明随着根本性的变迁，这种工业历史的价值瞬间回到零点，世博园的规划、强势的介入、强势替换。
如果世博结束后仍然拆除就会犯同样的错误，就再一次地把历史给抹杀了。
我们今天所做的一切就是为未来创造历史。
因此该场地的后世博开发和利用，我们以珍视场地各种价值和精神为态度，提出文化价值和土地价值和谐共荣。

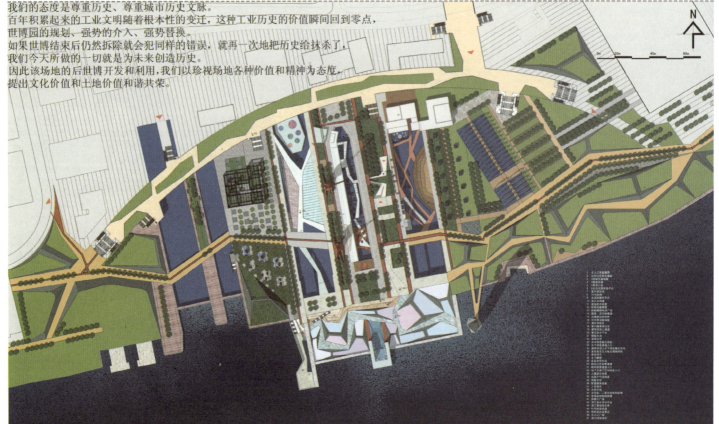

重现历史的辉煌瞬间,以船坞生产的动态过程为线索表达,提升土地的价值,展现多重文化的交错演绎。

船坞功能的置换，当船坞在发挥其功能时是没有水的，代表人的可进入性。但当船坞的功能慢慢消失的时候，是水面在慢慢上升。时间线代表时代的发展，同时也代表人的不可进入性，留给人的只有观赏。引起人们的反思。

土地属性的变化，使这块场地内原有的"成就"消失，慢慢退出了人们的记忆，2号船坞的百年沧桑历史，是人类宝贵的历史遗产，如何让人们找回昔日的记忆，采用暴露记忆的方式，使进入到这个场地的人们更加亲切地感受和触摸到历史的痕迹，重新唤起人们的思考。

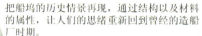

把船坞的历史情景再现，通过结构以及材料的属性，让人们的思绪重新回到曾经的造船厂时期。

池中池，把健身设施引入到水中，对于平时经常在户外健身的人来说，是不同的尝试，对于不会游泳的人来说，也是一个练习的好去处。

不同的颜色代表不同的深度，给潜水者带来不同的视觉和身心感受。

世博会期间的建筑：
在历史的时间线上，世博是一个时间点，是历史遗产。

道路排水
红色砾石
塔式起重机轨道

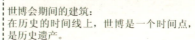

0m 5m 10m

由于世博会的结束,人流量的减少,桥上遮阳伞的拆除,只留下一条宽20m的硬质高架桥,很难使用,所以把绿地引入到高架桥上,一方面解决在高架桥上行走时的枯燥乏味,另一方面减少了硬质铺装面对热量的吸收,从而降低周边的温度,形成一条空中绿色通道。同时也是观赏整个船坞地区的高台。

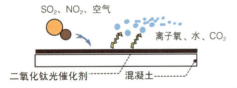

SO_2、NO_2、空气

离子氧、水、CO_2

二氧化钛光催化剂 — 混凝土

对于草坡的处理:草坡内部用场地内拆除下来的建筑混凝土垃圾堆积,最大化节约成本。
堆积的混凝土表面涂上二氧化钛光催化剂,
这种光催化剂在有太阳光的情况下,能够吸收掉空气中的有害气体,起到净化空气的作用,
同时把一部分空气转化成离子氧、水、CO_2等物质,
释放出来的CO_2被周边的植物所吸收,再次释放出氧气。
被誉为"空气维生素"的负氧离子有利于人体的身心健康。
它主要是通过人的神经系统及血液循环能对人的机体生理活动产生影响。
有使血液变慢、延长凝血时间的作用,能使血中的含氧量增加,有利于血氧输送、吸收和利用。

船入水时，是最激动人心的时刻，把这一刻的瞬间记忆展现在人们眼前，使人们时刻都能感受到那让人愉悦的时刻。

木铺装分布

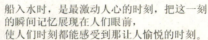

水体分布

红色砾石铺装线，把整个基地串接起来，同是也是把过去与未来串接起来，使人们在游玩的时候，
红色是醒目的，同是也是印象深刻的，这也是场地属性里的一部分。
红色也代表了这块土地的历史过程。

混凝土，石材铺装分布

红色砾石分布

水下、地下体验通道，就像走入船舱的底部，这里不仅仅是一个通道，而是一展览式陈列空间，在体验新的科技成果的同时，也了解了历史。

绿地分布

透明材料分布

用工业文化的载体去承载世博的辉煌。
世博会的举行，对于中国来说是第一次，所以这次世博会的意义非常重要。

道路铺装分布

金属材料分布

2010上海后世博——梦之展览馆

学生：孙超
指导老师：丁圆

旧上海是暧昧的，面目不清，声音含混，只一种姿态，就足以让人想入非非。

旧上海有的是挑逗和诱惑，逃得了这种逃不了那种，到底陷在温柔乡里，不醉不归。

旧上海还有点故弄玄虚，到处是窃窃私语，捕风捉影，飞短流长，再明亮的故事，也被传成了人的黄昏，疏影横斜。再刚烈的汉子，也不免气短情长。

旧上海还有点故弄玄虚，到处是窃窃私语，捕风捉影，飞短流长，再明亮的故事，也被传成了人的黄昏，疏影横斜。再刚烈的汉子，也不免气短情长。

旧上海真有这不尽的妩媚风流，却是一青春梦，一些痴缠的那种，旧上海是旧上花，发黄的旧照片，箱子底有樟脑寒冷气息的旧衣裳上精致却干枯的花枝，有着一圈一圈年轮的老树……

一些遗声，老唱片上暗微走调，依然旋转的小曲，尖锐的女声如此不真实。
一些只言片语的记忆，一些衣香。
摄影的碎片，居然慢慢描出了那个逝去的时代，那个传奇的城市——丁点引子，勾勒出了一道淡淡的轮廓线，再慢慢描染，用一些榫己身，更多天马行空的想象。
最后，是细节，旧上海的肉身和灵魂，被一一填入——那是我们自己的梦，在柴米油盐之余，在劳碌奔波之外，有关天长地久的爱情，罗曼蒂克的故事，流浪和冒险，所有烟崇热烈，随心所欲的人生，这样，一个有声有色的旧上海就重现了，确切地说，是诞生了

世博会历史概述

"经济、科技、文化领域内的奥林匹克盛会"

世界博览会 (Universal Expo, Expo 是Exposition的缩写，也称World Fair或World's Fair) 它是一个富有特色的论坛，它鼓励人类发挥创造性和主动参与性。它更鼓励人类科学技术和情感结合起来，将种种有助于人类发展的新概念、新观念、新技术展现在世人面前。因此，世博会被誉为世界经济、科技、文化的"奥林匹克"盛会。

历届世博主办城市和主题

1933 "一个世纪的进步"	1935 "通过竞争获取和平"	1937 "现代世界的艺术和技术"	1939 "明日新世界"
1958 "科学、文明和人性"	1962 "太空时代的人类"	1964 "通过理解走向和平"	1967 "人类与世界"
1968 "美洲大陆的文化交流"	1970 "人类的进步与和谐"	1974 "无污染的进步"	1975 "海洋-充满希望的未来"
1982 "能源-世界的原动力"	1984 "河流的世界-水乃生命之源"	1985 "居住与环境人类的家居科技"	1986 "交通与运输"
1988 "科技时代的休闲生活"	1990 "人类与自然"	1992 "发现的时代"	1992 "哥伦布-船与海"
1993 "新的起飞之路"	1998 "海洋——未来的财富"	1999 "人与自然迈向二十一世纪"	2000 "人类-自然-科技-发展"
2005 "自然、城市、和谐——生活的艺术"	2008 "水与可持续发展"	2010 "城市，让生活更美好"	
2012 活着的大海，呼吸的沿岸		2015 食品 地球的能量	

基地介绍

历届世博会中国的展品

1851年本土特产荣记湖丝第一次参展并获奖。

1906年"豫丰泰生酒"在意大利展出并获奖。

1926年重庆佛手牌味精在世界博览会获得一枚金质奖章，这表明中国在化学工业中的飞跃。

上海耀华工作室照片展示出当时少见的展品和现代高科技产品。

1988年中国馆的360度的电影屏幕（华夏倒影）受到热烈欢迎。

1993年中国馆展出古代和现代航空技术、水资源开发和利用的海上丝绸之路的介绍，火箭发射卫星仿真模型和电影屏幕。

1998年被展品分为海洋资源开发和利用、人民的现代生活和艺术水平和在中国哲学观念里，人与自然和谐共处的智慧。

2005年，中国馆内有一棵"生命之树"，表现了中国人对水的利用。演示生活和水的关系，以促进人和水资源之间的和谐。

展现了水在中国表演实践领域的历史与现状和中国人对于水的利用，是一种模拟城市生活、工作、休闲、运输一定数量的功能集约的街区，展示并实施的，并能作为一对未来城市发展起重要示范作用的范例。"城市的最佳实践区"

概念生成

超现实主义的解读

《超现实主义》是在法国开始的文学艺术流派,源于达达主义,并且对于视觉艺术的影响力深远。探究此流派的理论根据是受到佛洛依德的精神分析影响,致力于发现人类的潜意识心理,因此主张放弃逻辑、有序的经验记忆为基础的现实形象,而呈现人的深层心理中的形象世界,尝试将现实观念与本能、潜意识与梦的经验相融合。它的主要特征,是以所谓"超现实"、"超理智"的梦境、幻觉等作为艺术创作的源泉,认为只有这种超越现实的"无意识"世界,才能摆脱一切束缚,最真实地显示客观事实的真面目。

世博后的联想

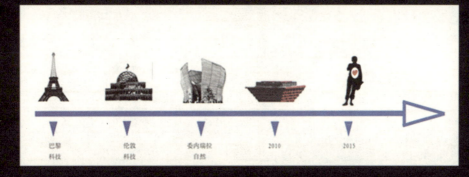

世博会主要展览各国最有本国特色的产品(包括文化、精神、观念、历史)
后世博延续"展览"功能,但展览的是人的内心世界以及人的潜意识

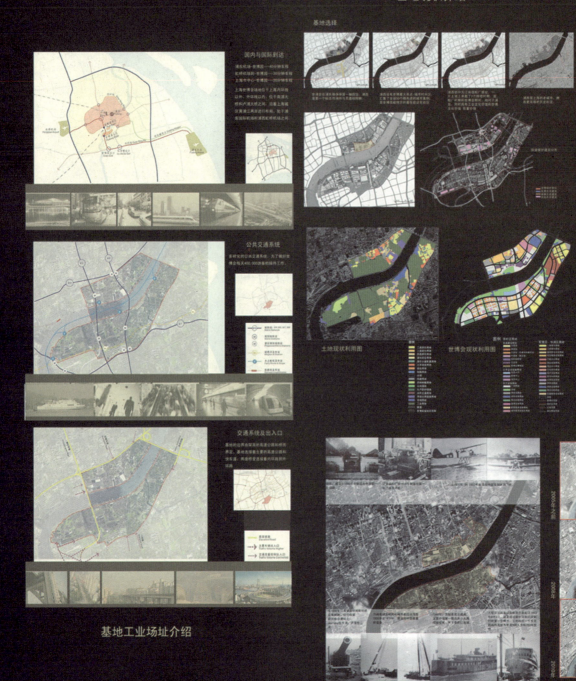

梦中的意识形态

模型体量推敲　　模型生成

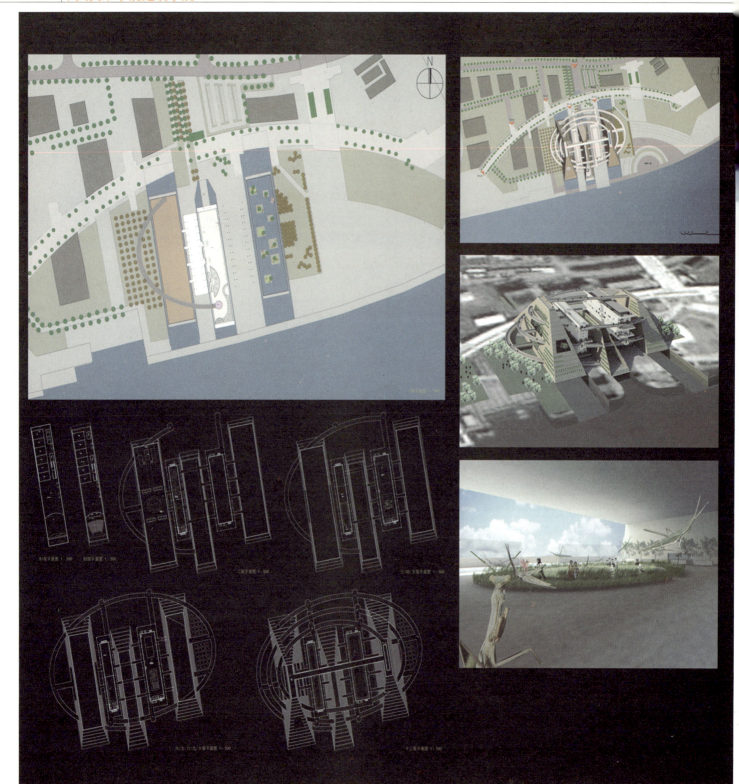

自然更替 Alternation of Naturure
——四校联合设计营之后世博设计

指导教师：丁圆
学生姓名：卢俊卿

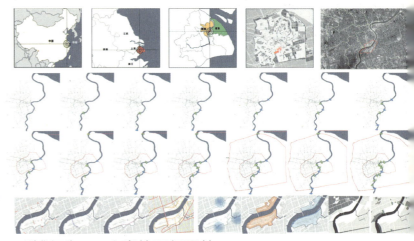

基地区位

基地位于上海市，地处市中心滨江地带，分为浦西和浦东两部分，总面积5.28km²。为了举办这次世博会，对原厂地进行更新，把拥有136年历史的江南造船厂搬迁后大力发展轨道交通和地下隧道，以及公交线优化等。并且借着世博之势，将会重新开始修建沪杭磁悬浮，因此世博园区将是上海21世纪重要发展的战略中心。

世博理念——人与自然的和谐共荣

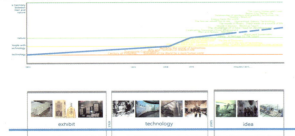

1933年第一次世博会开始有口号，人们崇尚的价值一直是先进的科技。直到1958年，人类开始关注自己与自然的关系。1974年另一个里程碑——"自然"第一次被提出，并从此开始，为人们所追求应用。自然能源，环境的保护，直到现在，我们追求自然与人类之间的和谐共荣。

世博行为——人类的强行更替

在这块基地上，从2006年到2010年发生了巨大的改变，从原来的造船博物馆，到一片平地，再到2010世博园址，2010后又终将大量拆除，短短半年间，重写其平地的状态，因此，由于人工更替带来的劣势在这块土地体现得尤为明显。粉尘、噪声，以及对景观视线的长时间阻隔等负面作用对周围居民产生了影响。而这种情况又将在半年内重新来过。而在继承这块土地文化价值的基础上，对其进行大的定位设想，并希望通过一种全新的方式达到更替，并且不影响人的活动。

时期1 硬质铺地为主导　　时期2 硬质铺地开始产生裂缝

设计概念——自然修复与更替

通过引入自然力对土地进行自然修复，达到更替过程中的双赢。同时辅助加入可移动公园，以此完成短期、中期、长期人类与自然共同发展和活动的状态。自然系统修复系统包括根的破坏力系统和生态过滤水系统。可移动公园包括移动设施的引用、可调控家具的注入、世博后材料的多样化利用等。通过这个互补的过程，人能够激发对自然系统的好奇心，产生兴趣，同时对世博后材料的多样化利用也利于思维的创新教育。通过二者的配合，从而达到更替过程中人与自然的双赢。

自然修复系统

在固定点植入根系较为发达的植物　　生长　　根系开始拱起　　根系的力量越来越大　地表产生裂缝　　在根系直径1m 范围内打孔随风迎来植物在此扎根生长，逐步软化土地加强这种力量

人工循环系统

     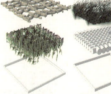

英国馆种子　　世博牛奶凳　　英国馆亚克力　　墨西哥馆材料　　透明混凝土　　死树根　　石油馆管道立面　　死树根转化向下立体花架　　管道转化向上立体花架

时期3 自然修复系统开始生长

时期4 自然修复系统更替完成

平面图

效果图－立体花架部分

生长初期平面图

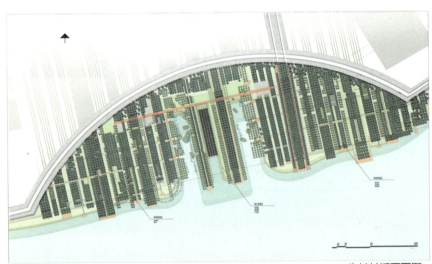

生长长期平面图

船坞部分动态发展图

3号船坞

3号健身娱乐浮岛：水上冥思球，健身运动场，水上花园由于本身自重增加，及淤泥的沉积作用，浮岛下沉，水上活动地方增加。

2号船坞

2号思考浮岛：室外自习室，森林剧场，林中皮影戏，时装发布T台SHOW，婚庆场所。

1号船坞

1号生态教育浮岛：街头表演岛，生态教育。

效果图—船坞部分

船坞遗址演变过程

时期 1 — 船体漂浮种植阶段。

时期 2 — 生长阶段船体漂浮，由于自重与淤泥作用船体下沉 0.6m，淤泥 1m。

时期 3 — 生长阶段船体漂浮，树开始产生裂缝。

时期 4 — 沉底状态淤泥 2.5m 下沉 1.8m，原始树产生影响点。

时期 5 — 船体为土壤所吸收，淤泥 2.5m，船体下沉 1.8m，硬质铺地转为软质铺地。

船坞遗址部分演变过程图

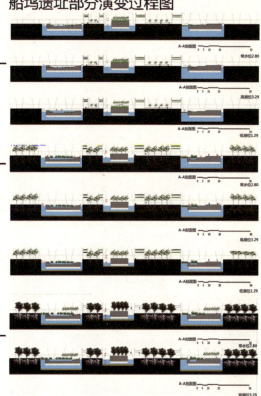
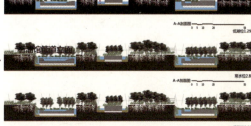

田园城市的建筑实践——文化休闲办公综合体设计

指导教师：戎安
学生：李琳

该建筑用地是在城市实践区的南侧。这个方案的独特之处在于其种植大量植被的立面、中庭及露天平台，这使得建筑中的绿化面积接近其剩余部分的使用面积。将办公空间、公寓式酒店、公共服务设施共存于一个建筑之中，空中庭院等价于地面的绿色公园，作为公共领域的外围空间它容纳了活动、景观、空气和阳光。竖向分布的空中庭院系统是对建筑体量的最大突破，以悬浮的空中公园的形式引入新鲜空气，通过外庭空间与气流管道进行分配。网络状的外庭环绕于建筑之内，提供了一个受庇护的衔接空间，在室内与室外空间之间形成一个自然通风的整体系统。

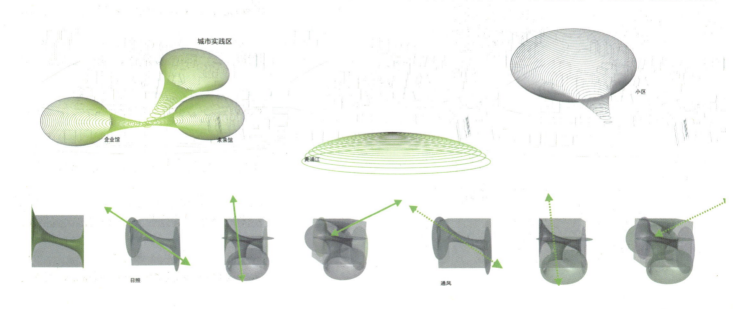

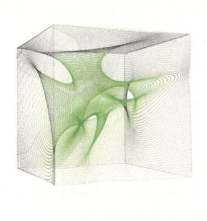

STAR CITY　　TOD模式下的新生活
——以"后世博"3号基地为例

指导老师：杨岩、陈翰、何夏昀
设计组成员：李东辉、徐凌子、赵子刚

简介

本案通过对基地功能轴线的切割形成星形轴线关系，并以TOD模式为基础引入自行车交通、中小型商业、公共交通配套等方式形成STAR CITY（星城）——"新城，新生活"的概念，在汽车化与步行化之间作出更加低碳的出行方式的选择，解决了园区未来作为博览会展空间后交通的整合，空间尊重世博一轴四馆历史建筑将3号基地返还公众。

Part 1　概念篇
概念由来

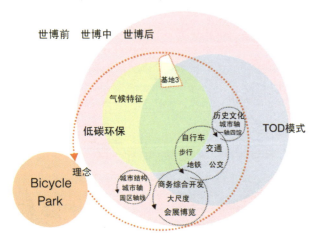

后世博3号基地设计推导图

STAR CITY（星城）——新城

"新"体现在三个方面

1. 新的生活方式：传承于世博会的"better city better life"。
2. 新的活动方式：户外活动，广场举行节假日的体育文娱活动。
3. 新的设计理念：不过分强调自我，而考虑与周边建筑和环境的关系。

TOD(transit-oriented development)
即是指以公共交通为导向的发展模式

1. 其中公共交通主要是地铁、轻轨等轨道交通及巴士干线，然后以公交站点为中心、以400~800m（5~10分钟步行路程）为半径建立中心广场或城市中心，其特点在于集工作、商业、文化、教育、居住等为一体。
2. TOD实现的一个先决条件是"步行化"，这也是世界上各大城市在发展中遇到的共同问题。如何在"汽车化"和"步行化"之间作出选择，不止是生活习惯的问题，更是由早先城市形态和近期国家工业发展战略所决定的。同时它也体现了低碳的观念。
3. 世博轴东南侧基地3，从属于世博园区，应当体现世博会的主题精神——低碳节能，同时世博园是未来的上海，所以空间的营造应当抛弃原来城市空间的单一乏味，提倡空间的新体验。

关键词：公共交通，"步行化"（步行与自行车），空间体验

念阐述

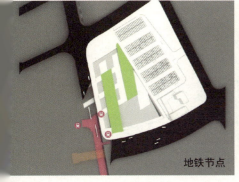
地铁节点

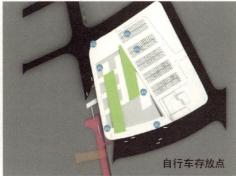
自行车存放点

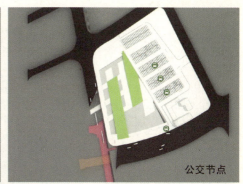
公交节点

1. TOD模式下的3号基地将在世博后进行功能的转换,除了对原有交通节点的分析外对于基地交通状况我们进行了补充的尝试,使3号基地的交通网络系统更加完整。

2. 根据TOD模式交通的特点——整合交通使人流更顺利地转换或通过交通密集点。

3. 对基地进行尝试性的连接交通节点的试验,并理出基地与原有交通节点的连接关系。

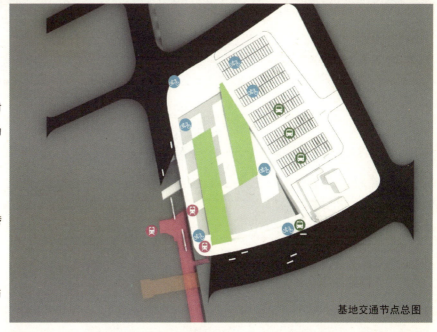
基地交通节点总图

Part 2 基地分析篇

世博园区位分析

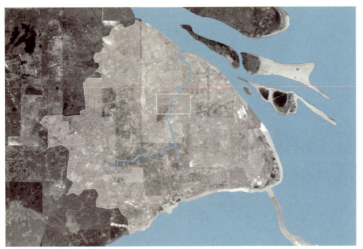
世博园区位

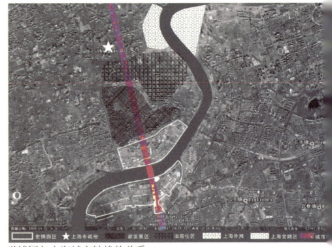
世博园与上海城市轴线的关系

上海道路网

世博园地块的关系

世博园与上海道路网的关系

世博园与上海地铁网的关系

1. 了解到上海城市发展的大致思路是以市中心跃江纵向分布的发展顺序。
2. 认识到老上海、现在上海和未来上海在城市空间里的区位关系。

地区位分析

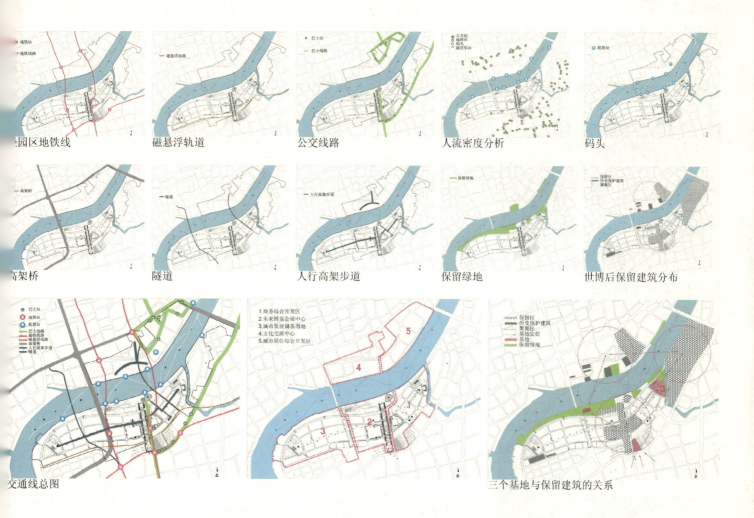

对上海后世博园的分析结论

1. 世博园的轨道交通现状：

    交通线路密集，缺乏统一整合。

2. 后世博规划用地类型：

    a.商务综合开发区；b.城市居住综合开发区；c.未来博览会展中心；d.文化交流中心；e.城市发展储备用地。

3. 三个基地与后世博三大保留区域的关系：

    a.宝钢大舞台：连接后世博文化中心与博览会展中心；

    b.白莲泾基地：连接后世博商务综合开发区与世博村；

    c.世博轴东南侧：充当后世博主要人流到达、疏散和再出发的转换点。

Part 3 空间生成篇

基地轴线关系

功能轴线分割基地

1.基地轴线关系

根据基地与世博园的轴线关系确定主轴线，同时考虑与一轴四馆天际线的关系，确定建筑高度和天际线的关系。

 基地体块 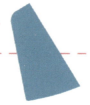 立体化

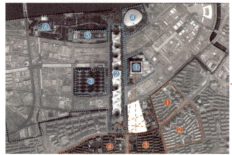 轴线切割  立体化

 入口节点  立体化

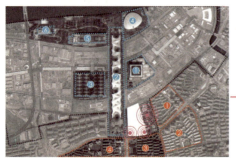 交通节点  立体化

体块生成关系
细化生成体块

2.基地与周边空间的关系

充分考虑基地在后世博的定位,确定3号基地与周边原空间必然发生的人使用需求的行为,同时考虑园区交通节点对基地的影响,最终确定基地入口关系。

3.等高线的分割形成建筑阶梯状立面

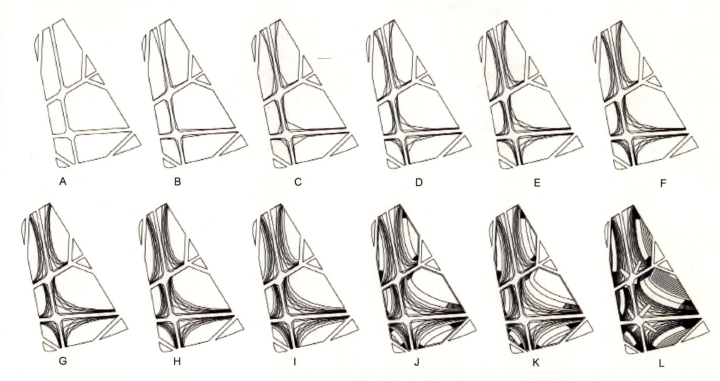

A　　B　　C　　D　　E　　F

G　　H　　I　　J　　K　　L

Part 4　空间综述篇
独立空间组织逻辑
基地日照风向分析

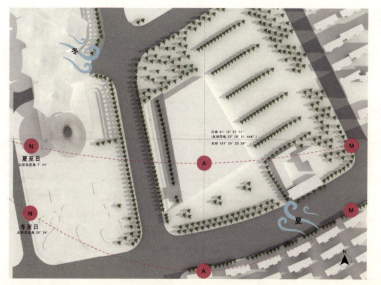

基地功能转换分析

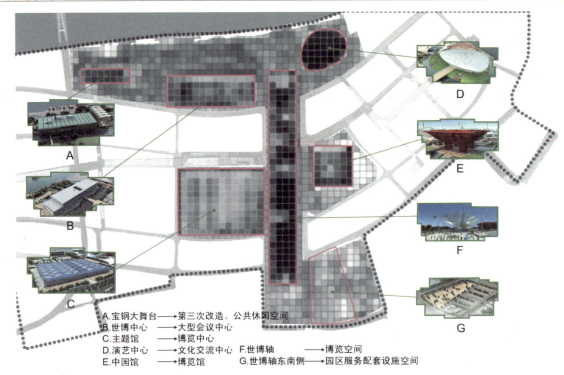

A.宝钢大舞台 → 第三次改造、公共休闲空间
B.世博中心 → 大型会议中心
C.主题馆 → 博览中心
D.演艺中心 → 文化交流中心
E.中国馆 → 博览馆
F.世博轴 → 博览空间
G.世博轴东南侧 → 园区服务配套设施空间

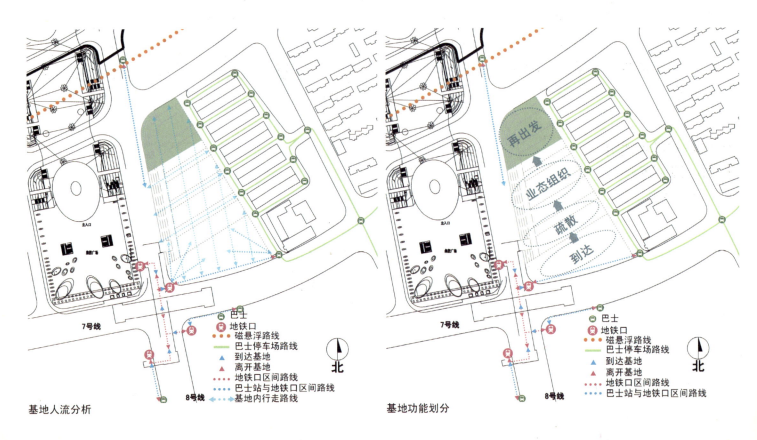

基地人流分析

基地功能划分

总平面与各层功能概况

总用地面积：29812 m²

建筑占地面积：15020 m²

总建筑面积：37210 m²

容积率：1.2

建筑密度：50%

建筑高度：17.2m

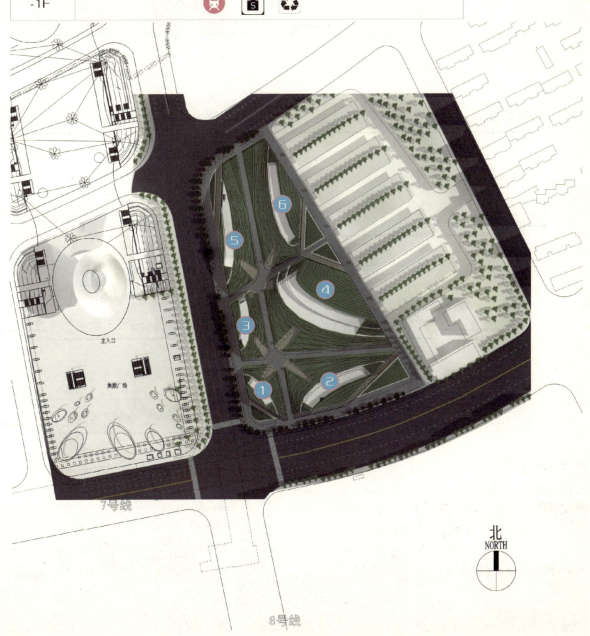

立面图

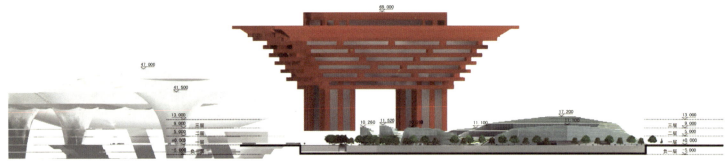
天际线

东立面

西立面

南立面

北立面

整体效果图

轴线人视图

 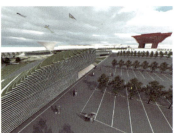  

使用效果图 空间节点效果图

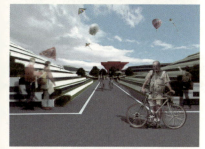

鸟瞰图

广州美术学院设计学院建筑与环境艺术设计系

后世博宝钢大舞台改造方案
POST EXPO BAOGANG STAGE RESIGN

指导老师：杨岩、陈瀚、何夏昀
设计成员：郭晓丹、邝子颖、陈巧红

项目介绍 Project Instruction

该项目改建利用的特钢车间由东西向主厂房和南北向连铸车间两部分组成。
主厂房于2000年建造，钢结构梁柱排架结构，建筑面积8660m²；连铸车间于1987年建造，混凝土柱钢排架结构，建筑面积2540m²

项目指标
基地总面积：57800m²
建筑占地面积：11000m²

1. 主题概念—Fun City—媒体建筑
Theme Concept-Fun City-Media Architecture

提升人们的生活意识，环保DIY意识，自然、城市、人的和谐意识。

后世博，延续"better city, better life"世博主题"城市，让生活更美好"。而作为后世博则在主题上必然要对其进一步地延续其本质，那如何让生活更美好？

联合国人居组织1996年发布的《伊斯坦布尔宣言》强调：我们的城市必须成为人类能够有尊严的、身体健康、安全、幸福和充满希望的美满生活的地方。而城市面临的种种挑战交通拥挤、噪声问题、环境污染、生活压力、工作压力，人们的生活处于"紧张"的状态。

如何真正影响人们的生活，让人们生存的环境得以改善？

此改造设计Tun City就是要通过一种传媒手段，影响人们现实中的生活方式以及对环境自然的认识，让所有进入此立体式广场建筑的人们亲身体验娱乐主题空间，引人进入一段奇幻之旅，获得一种新的生活感悟，改变各自的生活。从而真正地实现better life, better city。宝钢厂也以一种更具有全新意义的功能空间，融入人们的社区以及城市生活。

环境污染　　交通拥挤　　木头砍伐　　垃圾浪费　　工作压力

亲近自然　　DIY世界，对于旧物利用改造自我创造提供了良好的环境，影响人们的行为　　人与人沟通、融洽相处的平台　　静谧体憩的体验

2. 功能定位
Function Position

适宜多元化广场休闲空间

基地区位

立于上海世博会浦东滨江公园的腹地，西临卢浦大桥，北面为黄浦江，东接世博中心，南临浦明路，千年防汛墙和轨道交通13号线分别于地上、地下将其穿越。宝钢厂占据极其舒适的面江地理位置，且宝钢厂自身钢架结构有通透感，适于人群休憩散步等休闲功能。

人群分析

分析发现会后主要使用人群为：周围居民，他们更多时候的出行时间为早晨与傍晚后，白天则为大量的旅游者。

世博后规划：a片区为商务综合发展区。b片区为博览会展中心。c片区为城市发展储备区。d片区则为城市居住用地，且a、d区周围区域也大多为居民，因此，周围居民则是宝钢厂首要的使用人群。其次则是旅游人群。而作为商务区以及展览涵盖了大多功能，但休憩放松的空间仅为世博公园。世博公园的力量也难以使周围的人群活跃起来。

因此，宝钢大舞台改造主体 Fun City，应该趋向开放式服务于周围居民的性质。

3. 空间生成
Space Creation

ONE 基地现状分析

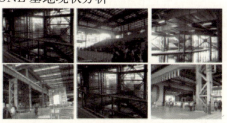

基地问题——空间过大，作为公共空间，人们置于其中会处于混乱之中。

世博园交通分析 1

世博园交通分析 2

世博园交通分析 3

世博园交通分析 4

轨道衔接路径空间 1

TWO 路径生成过程
路径生成过程图 1

路径生成过程图 2

原有楼板　　楼板抽离

轨道衔接路径空间 2
轨道与空间链接

THREE 气候影响空间
气候影响空间 1

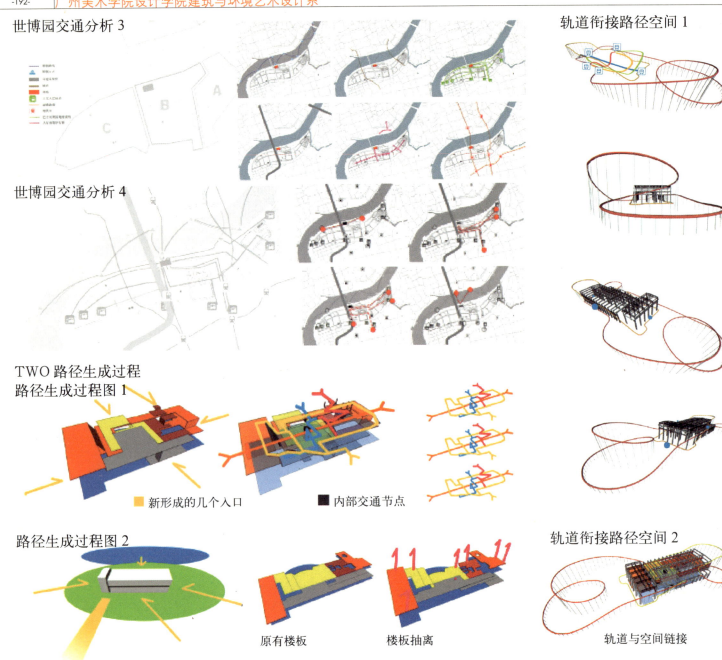
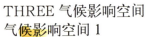
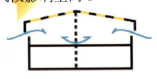

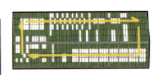

气候影响空间 2

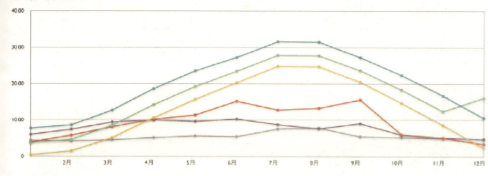

上海属气候特征比较明显的城市，因此气候对于空间的影响比较大。6～9月气温偏高，28～35℃，6～9月降雨量偏高，均日数每月8天，全年最低气温都是处于5～8℃（夜晚）。

外部园林改造

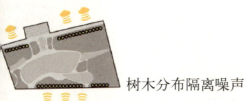
树木分布隔离噪声

建筑整体效果

建筑整体效果

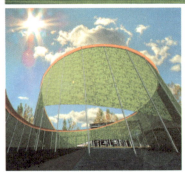

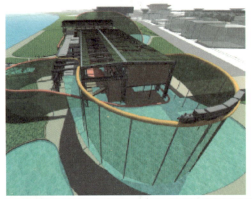

空间综述
Space Review

   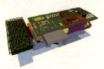

二层楼板　　　平面切割　　　纵向推拉　　　扩展楼板　　　内部交通　　　功能分布　　　加盖屋顶

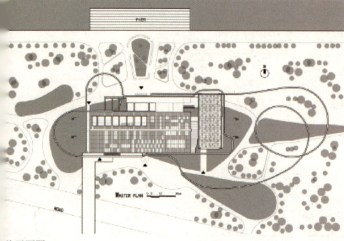

总平面图

一层平面图　　　二层平面图

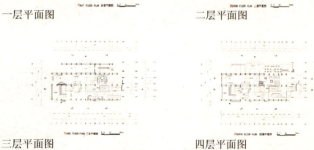

三层平面图　　　四层平面图

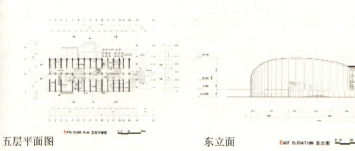 

五层平面图　　　东立面　　　　　　　　西立面

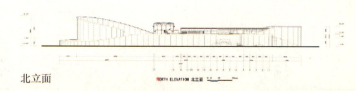

南立面　　　　　　　　　　　　北立面

5. 独立空间——人、自然、城市
Independent Space—Human, Nature, City

空间一——城市与自然（共生的和谐）
Space 1 —City and Nature (Symbiotic Harmony)

空间二——人与城市（城市生活馆）
Space 2 —Man and the City (City Life Museum)

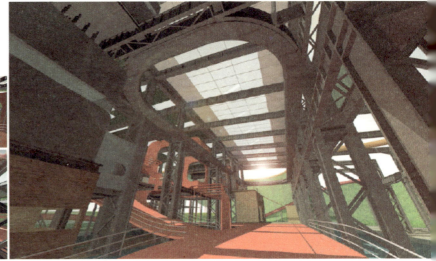

空间三——人、城市与自然（DIY、旧物改造、循环利用）
Space 3 —People, City and Nature (DIY, Transforming Old Materials, Recycling)

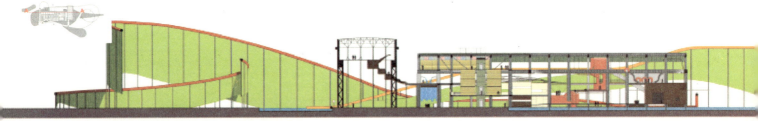

空间四——人与自然（与自然的亲密接触）
Space 4 —Man and Nature (Intimate Contact with Nature)

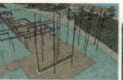

空间五——附属空间（露天茶座）
Space 5 —Sub Space

空间六——轨道空间及外部空间
Space 6 —Track Space External Environment

空间七——主题空间阐述
Space 7 — Description of the Theme Park

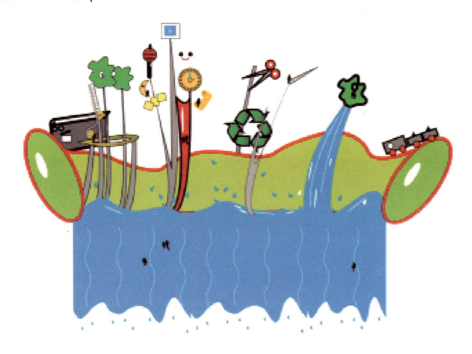

DIY多媒体课室
DIY只做空间，一次新的尝试，学会循环利用与改造旧物，让自身为我们的环境作出贡献。

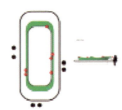

插花空间，展览空间

沙滩吧瀑布
沙滩吧，喷泉浅池，室内与室外相结合。

25h 站台 每天是否给自己多留出一个小时选择去做一些有意义的事情呢？而不是为了做不完的工作而头疼。

滑梯
回到童年最纯真的滑梯，让自己的心情变得像孩子般透彻。

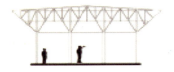

钢架树林

公共电视，随着电脑技术的发展，电视已经被忽略掉，而它确实是维系人们之间感情的美好媒介。

秀演台——张扬自己个性的平台

交流墙　公共休息弹力床

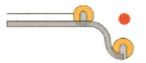

单帧动画car
单帧动画，缆车观赏。

空间细节
Space Details

模型

工作花絮

"废墟中的废墟"——后世博

指导教师：黄耘　李勇
作　　者：周涛　卢燕武

鸟瞰图

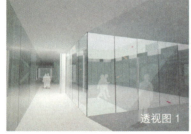
透视图1

透视图2

透视图3

透视图4

| 世博废墟 → | 生命周期 → | 建筑消隐　自然回归 | 宝钢世博后功能定位 → |

废墟是一个生命周期的终点，也是下一个生命周期的起点。场地和建筑同样具有生命周期的特点。

生命周期是从自然中来，到自然中去的过程，所以场地经历着建筑在消隐、自然在回归的演变过程。

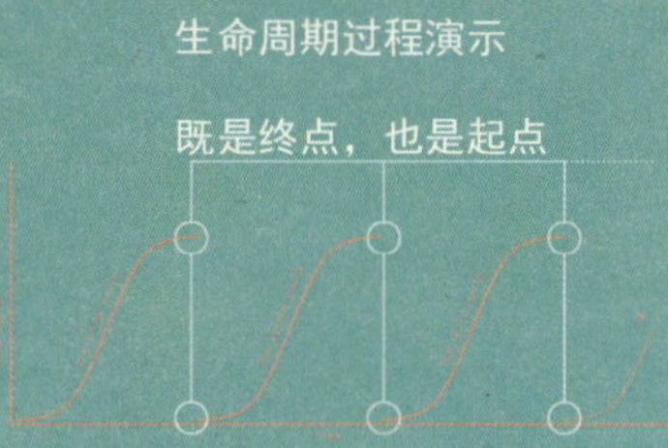

生命周期过程演示

既是终点，也是起点

功能定位
商业创意产品展示　休闲景观公园

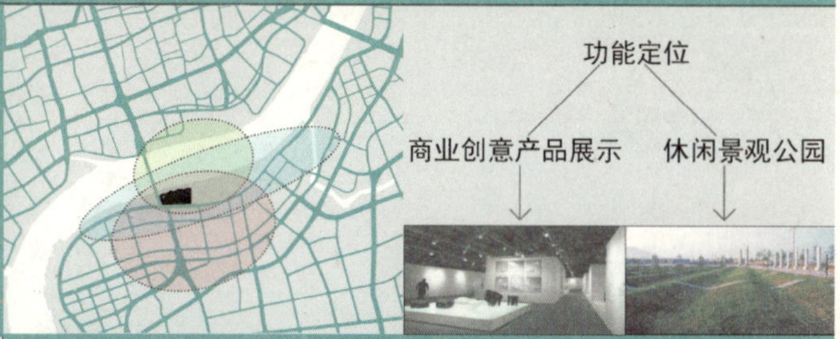

宝钢及其周边场地的生命周期演变

The first life cycle 建筑从无到有 ▶

建筑完全取代自然环境 ▶

The second life cycle 世博介入，场地发生变化 ▶

The third life cycle 世博期间，世博赋予宝钢新的使命 ▶

The fourth life cycle 世博后，宝钢如何从世博废墟这个起点进入下一个生命周期？

从城市发展的历程来看，原来的产业化城市中，大量优秀历史工业建筑浓缩了19世纪30年代以来城市和工业文明的发展史，体现了城市工业在不同时期的独特风格、艺术特色和科学价值。原有产业化城市中大量的工业历史建筑遗存为商业展示活动提供了理想的空间。

上海从单核、单中心发展格局，走向多中心、多核城市空间结构。上海世博会园区后续功能定位为上海会议、展览和文化为核心的综合性国际交流中心、城市文化型专业副中心、南部城区公共活动中心，为商业展示活动带来充足的活力。

宝钢大舞台处于世博滨江公园腹地，滨江绿化带与基地有最直接的联系，串联整个世博公园，成为世博景观公园重要的组成部分。

自然回归过程分析

浦明路与黄浦江垂直路径　　世博公园平行黄浦江路径　　垂直与平行路径叠加　　场地空间构架

建筑消隐过程分析

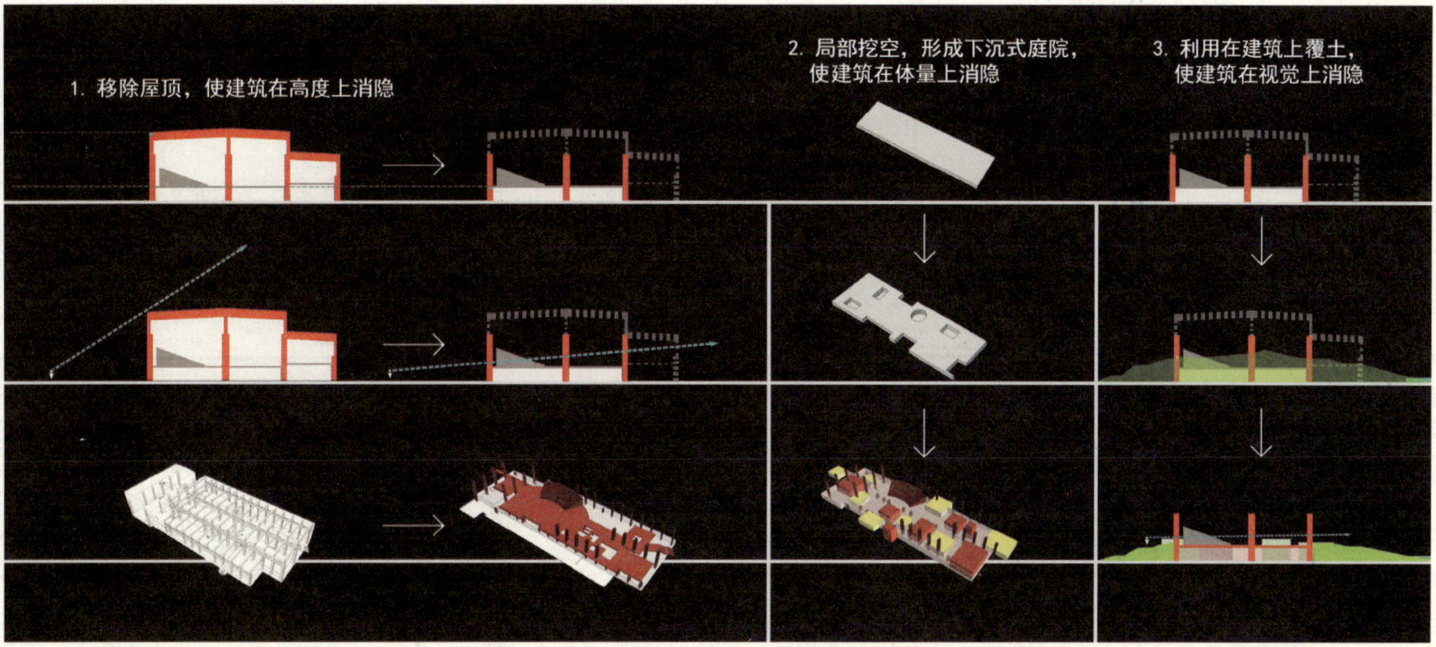

1. 移除屋顶，使建筑在高度上消隐
2. 局部挖空，形成下沉式庭院，使建筑在体量上消隐
3. 利用在建筑上覆土，使建筑在视觉上消隐

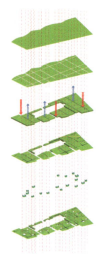

 建筑形态

 入口广场

 步行道

 次级步行道

 景观节点

 景观绿化

总平面图

基地位于上海世博会浦东滨江公园的腹地，西临卢浦大桥，北面为黄浦江，东接世博中心，南临浦明路。该项目改建利用的特钢车间由东西向主厂房和南北向连铸车间两部分组成。基地总面积57800 m²，建筑占地面积11000 m²。

透视图5

透视图6

透视图7

透视图8

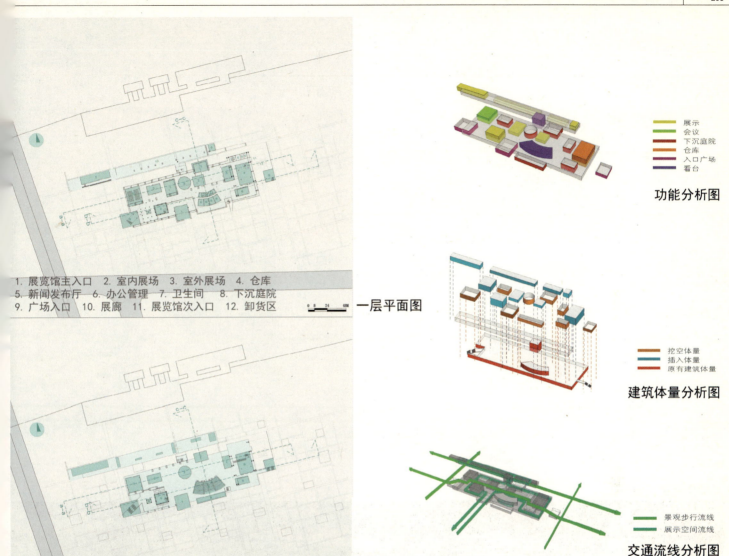

1. 展览馆主入口 2. 室内展场 3. 室外展场 4. 仓库
5. 新闻发布厅 6. 办公管理 7. 卫生间 8. 下沉庭院
9. 广场入口 10. 展廊 11. 展览馆次入口 12. 卸货区

一层平面图

功能分析图
展示 / 会议 / 下沉庭院 / 仓库 / 入口广场 / 看台

建筑体量分析图
挖空体量 / 插入体量 / 原有建筑体量

交通流线分析图
景观步行流线 / 展示空间流线

1. 主入口上空 2. 室外展场上空 3. 新闻发布厅上空
4. 下沉庭院上空 5. 室内展场 6. 观众席 7. 广场
8. 仓库

二层平面图

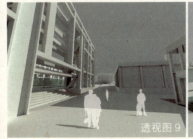
透视图 9

透视图 10

透视图 11

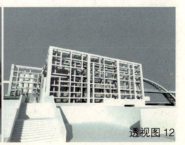
透视图 12

剖面图 a-a

剖面图 b-b

剖面图 c-c

南立面图

北立面图

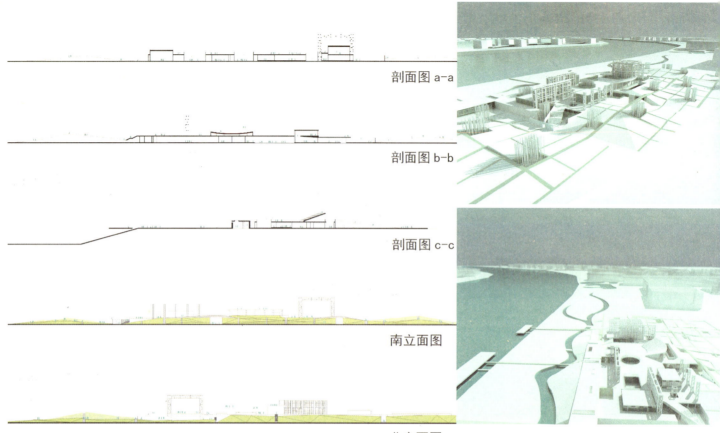

建筑材料再利用分析

通过对宝钢大舞台既有资源条件的调整和再利用，以尽量少的材料消耗方式，在满足功能的同时，使场地和建筑和世博滨江公园更好地融为一体。

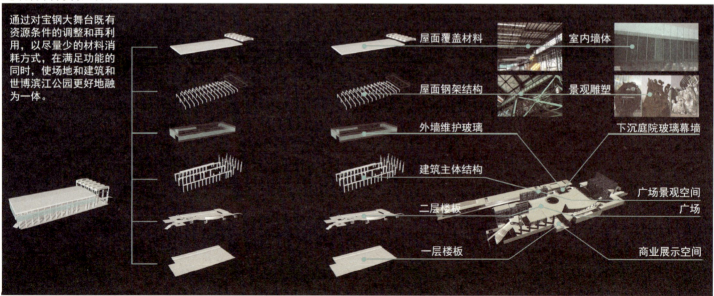

屋面覆盖材料　室内墙体
屋面钢架结构　景观雕塑
外墙维护玻璃　下沉庭院玻璃幕墙
建筑主体结构
二层楼板　广场景观空间／广场
一层楼板　商业展示空间

"寄生"——后世博建筑生长的探索

指导教师：黄耘、李勇
设计成员：金思寰、胡晓

世博

世博是一个"外来者"，是一个与上海本土没有直接关联的，存在了一百多年的，有着自己演进逻辑的客观存在。世博事件在上海城市中"促生"了一个场域。世博过后给我们留下的是这片以展示功能作为实效性的"舞台"，及我们脑海中的世博精神。

后世博

"后世博"留给我们的思考是如何在世博留下的条件基础上继续调整和发展，让该片场地重新融入日常性的城市功能，以及如何汲取世博精神成就我们更美好的生活。

场地中的大部分区域在世博过后都将面临着再开发的状态，土地再次回归城市建设用地的性质。作为与"促生"区域紧密关联的设计场地来讲，其面临着对周围的未来城市开发环境的诸多不确定性因素。

上海作为当下的信息时代的超等城市，具有一个有机体的复杂性，无时无刻不与外界发生着物质能量的交换和自身的新陈代谢，这次世博事件介入的城市功能和结构更新就是这一过程的明显标志。

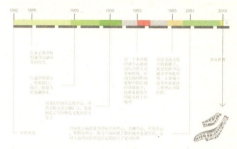

概念

寄生：一种生物体依附在另一生物体中以求供给养料、提供保护或进行繁衍等而得以生存。建筑体依附于城市生命组织中，和与之关联的生命体相互作用，我们认为这就是一种寄生状态。

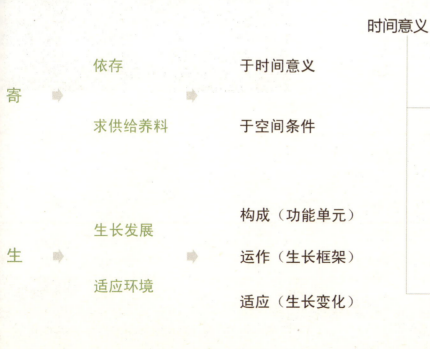

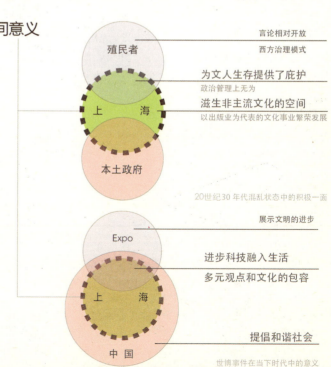

空间条件

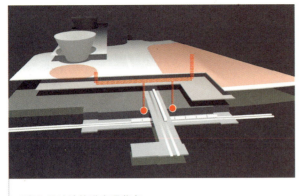

1 "寄"于地铁轨道交通节点

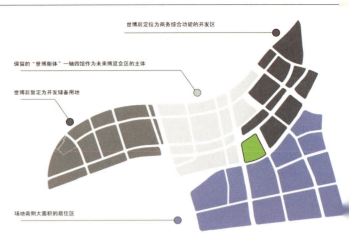

世博后定位为商务综合功能的开发区

保留的"世博躯体"—一轴四馆作为未来博览会区的主体

世博后暂定为开发储备用地

场地南侧大面积的居住区

2 "寄"于未来周边功能区域定位

3 "寄"于园区在整个城市中的战略定位

从属于一轴四馆配套服务设施的可能性-"寄"于一轴四馆

存在与商务综合功能融为一体的可能性

与可能会成为CBD的开发储备区具有不确定的影响关系

场地的功能定位与居住区的生活质量需求产生关系

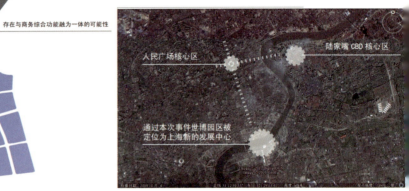

人民广场核心区　陆家嘴CBD核心区

通过本次事件世博园区被定位为上海新的发展中心

生长框架

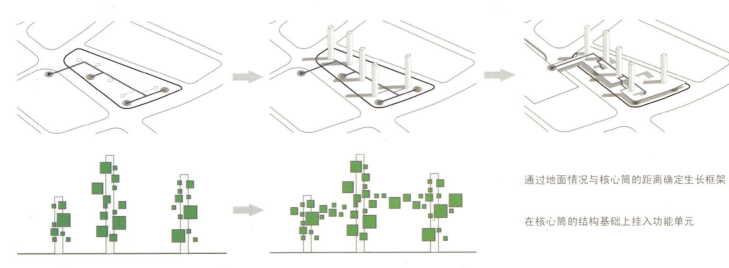

通过地面情况与核心筒的距离确定生长框架

在核心筒的结构基础上挂入功能单元

适应性

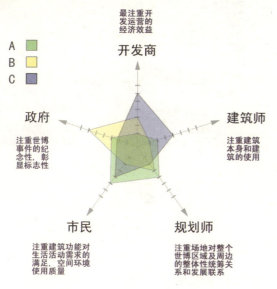

为应对"世博事件"促生出的区域世博场地在世博后的规划和环境开发的不确定性,本案试从几个角度探索建筑生长的可能性,在建筑自身的生长过程中不断适应周围变化的环境,满足场地在不同时期的定位以及使用者的需求,最终成熟地与城市环境相互依存。

适应世博后该场地的建筑可以不是静止的,它像生物新陈代谢那样是一个动态过程。在城市和建筑中引进时间的因素,明确各个要素的周期,在其因素上,装置可动的、周期短的因素。从而适应世博后周围环境的不确定性,具有生长的可能性。

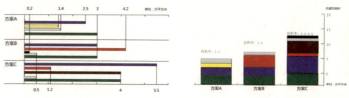

三种生长类型

市民中心
公园　A　市民文化活动
　　休闲娱乐　商业消费

酒店
商业消费　B　配套服务
　　世博观光塔

综合体
办公　C　公寓
商业　　其他

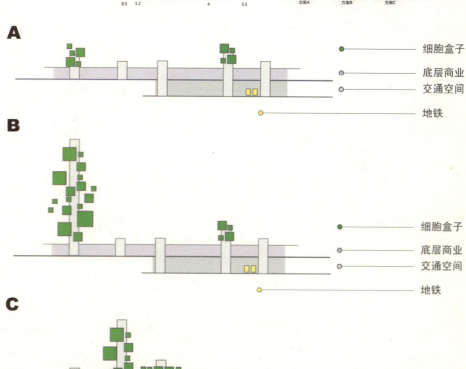

结构、基层人流分析

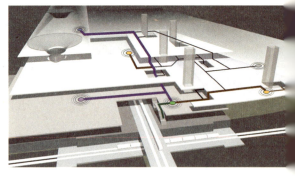

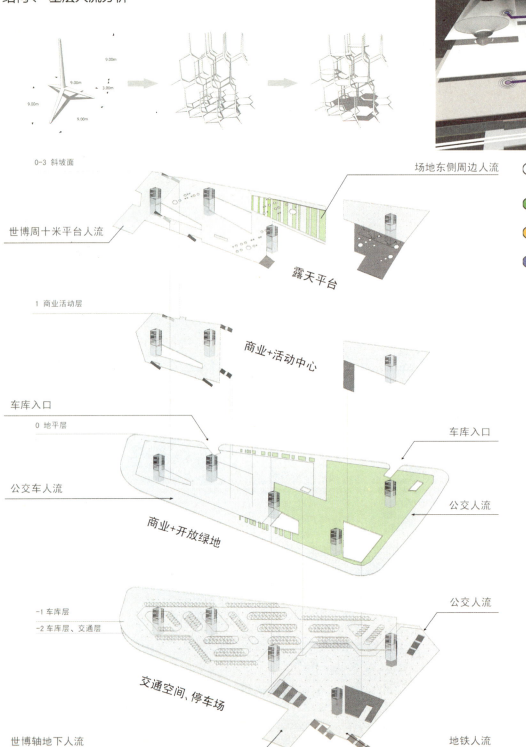

人流集散节点
- 地铁
- 世博周地下层
- 公交站
- 东侧场地联系
- 世博轴十米平台(磁悬浮)

方案 A

A 市民活动中心，以低容积率建筑形态提供周边乃至上海市民综合活动的功能，及绿化公园。良好的公共开放空间提供市民生活配套的休闲娱乐功能。

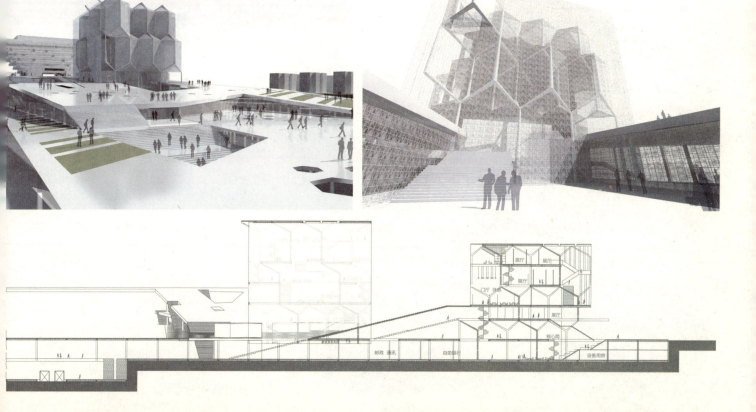

方案 B

B 标志性酒店与观光塔，彰显世博留下的印记，提供与一轴四馆的配套功能，酒店观光功能。形成世博园区的地标。

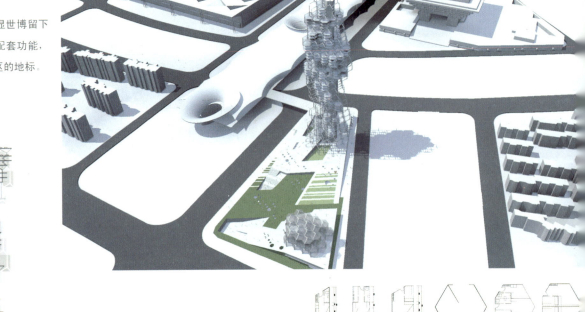

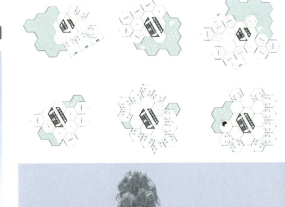

方案C

C 生长在轨道交通节点的建筑综合体：以高强度开发模式充分发挥世博留下的便利轨道交通条件。因地处未来发展的核心区位，生长为多种复杂功能于一身的综合体，与今后周边可能形成的金融商务环境融为一体。

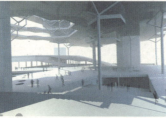

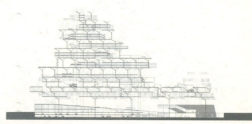

"空壳"后世博
SHELL Post Expo

指导老师：黄耘、李勇
学生：　　杨勇、苟红、张家龙

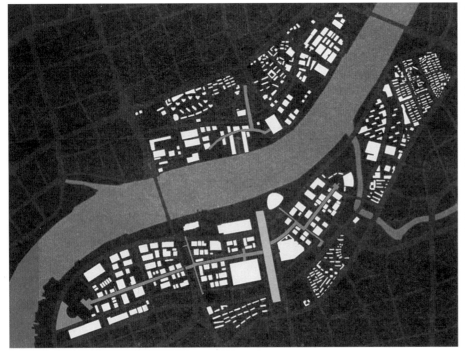

设计说明

世博是为了展示人类前进的步伐，塑造世博精神，促进人类的共同进步。

世博是一个容器，边界围合它的空间，容纳建筑、参观者、活动。世博后建筑拆除、参观者离去、活动结束，而后世博就是再在世博离去的场地上重新设计、规划、定位。我们把世博看做一个杯子，那么世博就是杯子反复装杯倒水的过程。

世博的规划有着固定的格式（网格交叉的界面），然后建筑以在平面上独立并置放入其中容纳参观者、活动。这种格式我们称它为世博的"壳"，然而世博走后就留下这个"空壳"，然后后世博再去装满这个"空壳"。

该方案提取世博建筑的并置关系，根据世博走后留下的边界和边界围合界面围合的空间——"空壳"，然后将这界面转换为建筑，建筑的边界再围合成空间，形成我们的方案——"空壳"。

"空壳"延续世博的容器功能，让建筑回到场所重塑场所精神。同时就如杯子具有灵活、可变性，功能可以根据需要进行置换——可变空间。

世博以边界围合空间容纳建筑和人，就像杯子用玻璃限定空间装盛液体

世博

世博是用一个地方把建筑和人容纳进这个过程，如同用杯子装水

杯子　倒水

世博后

世博会结束，参观者离去，建筑拆除，就如同把装满杯子的水倒出去

把水倒出　空杯子

后世博

后世博就是为世博后建筑拆除所留空地重新设计杯子，重新倒水

世博后留下空杯子　为杯子重新倒水

2010年世博会续北京奥运会后又一重大城市事件(在上海举办) ｜ 世博会的举办对城市的更新和发展有积极的推动作用 ｜ 上海把南部浦江两岸旧工业区给世博——容纳博览所需要的东西

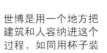

2005年上海在黄浦江两岸为世博留出一片空地——给世博的空间 ｜ 2008年世博的格局已经形成，正往里装入博览所需要的建筑、绿地 ｜ 2010年世博已建设完成，展示世博文化、精神，吸引全世界人民参观

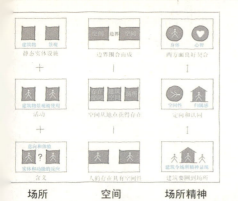

场所　　　空间　　　场所精神

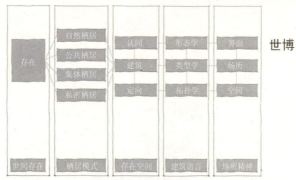

建筑现象学构造

地块概况：白莲泾清末码头与工厂的兴起，使外来人口逐渐增加，许多码头工人在沿江搭棚栖身，形成了一片片棚户居民点或自然村落。淞沪战争之后，工厂关闭，大批的难民避难逃荒到这里，建造了更多的危棚简屋。世博会，将该地块改造作为世博入口使用。

改造目标：基地在世博会期间规划的建筑量较少，且在世博后基本会被拆除。在世博结束后面临功能更新的问题时，根据上层规划及整个世博园区远期定位分析，本基地新建旅游文化建筑或建成新的滨河城市开放空间是较为合理的选择。

世博

这种模式是固定不变的形式，是用来装建筑场馆的容器——壳

各国建筑场馆之间在同一平面上以独立并置的形态展现，而不会以垂直、相连等状态出现

世博后

园区规划　　　网络结构　　　多元广场空间

上海世博会规划分为A、B、C、D、E五个功能片区，形成世博的界面与边界，片区用地面积60 hm²

园区道路规划网格布局，成为容纳建筑的空间，建筑间独立并置排列形成世博园区完整的城市界面

场馆间五大主题广场、组级广场容纳世博期间主要的人与人的主要活动，展现场所空间的丰富性

世博会结束后各国建筑场馆都要拆除

2005年　　　2008年　　　2010年

场馆拆除后围合世博空间的界面与边界的"壳"依然存在——世博留下的"空壳"

后世博

后世博根据城市、人们的需要对世博留下的"空壳"重新地装入新的建筑供人们使用

水上交通　　　陆上交通　　　周边功能

将"空壳"界面与边界提取出来转换为建筑，让建筑的边界围合的空间来充当"空壳"，根据需要来装东西

四川美术学院建筑艺术系

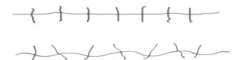

世博格局的延续

世博建筑并置形态

世博高架桥的延续

世博轴阳光谷的延续

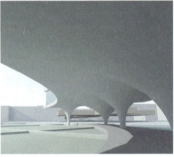

方案一　Proposal I

后世博"空壳"通过世博公共空间特征、世博元素、世博公共空间功能的延续、运用和重组，从而解决世博会结束后园区内公共空间功能的丧失问题，从而完成公共场所的积极性空间"重构"，重塑世博场所精神，最终体现上海世博会"城市，让生活更美好"的主题。

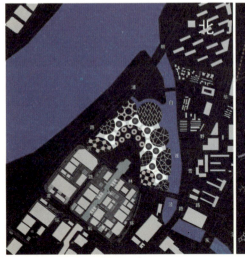

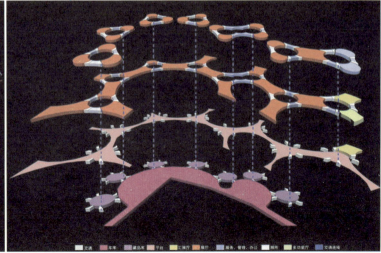

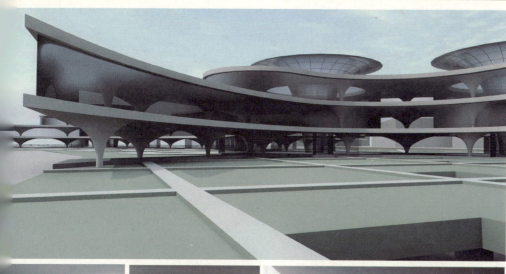

负一层平面图
1 藏品库 2 车库 3 管理 4 设备 5 交通

一层平面图
1 交通 2 服务 3 大厅 4 中庭上空 5 阳光谷 6 汇报厅

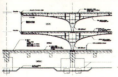 

剖面大样图　　　　　　　　　　　　　剖面图

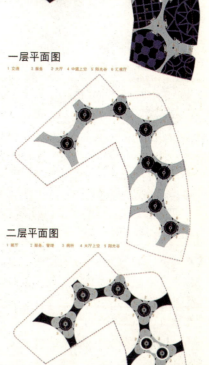

二层平面图
1 展厅 2 服务、管理 3 商店 4 大厅上空 5 阳光谷

东立面图

南立面图

1-1 剖面图

三层平面图
1 展厅 2 服务、管理 3 阳台 4 大厅上空 5 阳光谷 6 办公

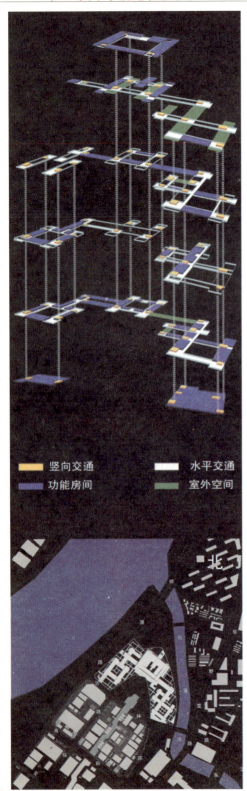

竖向交通　　　水平交通
功能房间　　　室外空间

方案二　Proposal II

根据建筑的"柔性"利用理论探索建筑所创造的空间。所创造的灰空间根据功能的需要来实现"柔性"利用。一个物质结构的衰退周期往往可以包含若干功能的衰退周期。因此，要想延长建筑的使用年限，只有随时间的推移不断对其中某些层次中灵活的物质进行更换，达到适时的功能更换，从而最终达到理想的时间效益。让"空壳"的使用灵活起来，使建筑的"使用寿命"得到无形地延长。

世博园功能布置

中国馆

搭接形式

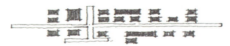
提炼交通形式

世博园规划

平面空间形式

东立面图

南立面图

西立面图

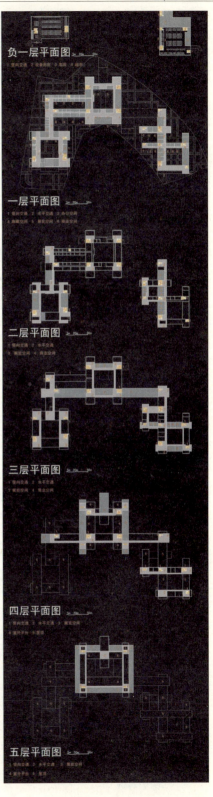

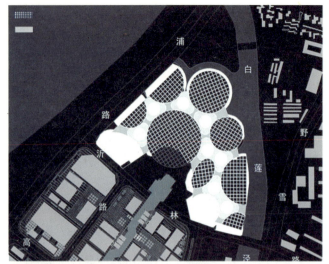
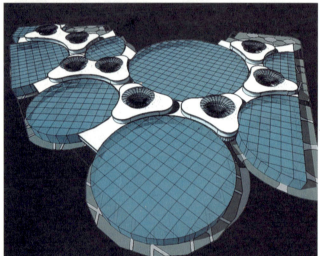

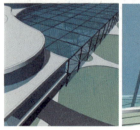
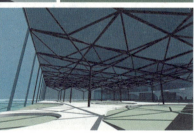

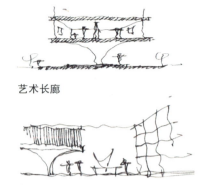
艺术长廊

半室内展场

休闲娱乐

聚会

方案一　Proposal I
"空壳的"的空间变换使用

博览
建筑间的空洞作为博览空间使用，博览需要大空间，而且是临时性的，因此设计标准单元骨架（方便组装与拆卸，其他展览活动也可用），围合博览空间，建筑作为交通连接博览区。

艺术展览
建筑设为艺术长廊，展出各类绘画、藏品、摄影艺术作品。室外展场作为装置艺术、公共艺术的主要展示空间。半室内空间通过标准桁架构件搭建临时展场。各个展区比例可以根据实际情况作相应的调整。

娱乐休闲
场地结合场地打造了广场、观景平台、休闲空间。建筑空闲的时候，作为居民休闲、娱乐、活动中心，如锻炼、闲坐、集会、观赏等，同时可以在这里展开社区文化活动展示等。

柱子　　骨架　　重叠　　构成（单元）　　复制

展览活动

筑设为展示和社区服务空间，举办各种小中型展览和集会活动。室外空间作为扩
性展示等功能空间，随功能需要而变换，空间通过标准桁架构件搭建临时展场。
个区域根据实际情况作对应策略。

社区活动

地结合建筑打造了广场、观景平台、休闲生活空间。建筑灰空间未有展览的时候，
为居民休闲、娱乐、活动中心，如锻炼、闲坐、集会、观赏、购物等，同时可
在这里展开社区文化活动展示等。让城市空间多功能的使用提高使用效率，更具
气、生活化！

方案二　Proposal II

"空壳的"的空间变换使用

文化活动

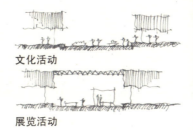

展览活动

休闲娱乐

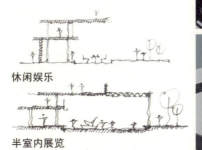

半室内展览

半围合场所

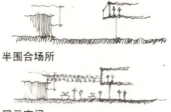

展示空间

可变性桁架空间

骨架

玻璃

顶盖

单元

重叠（组合）

城市凝聚了事件和情感，每一次新事件都包含了历史的记忆和未来的潜在记忆。人们是通过事件的集体记忆、场所的独特性以及表现在形式中的场所标记之间的相互关系来了解历史的。

—— 罗西《城市建筑学》

四校联赛——世博轴南侧三号基地方案

指导老师：黄耘、李勇
设计成员：杜秋、陈卫红

项目位于上海世博会规划区核心区，世博轴东南侧，原收费检票口所在地，紧邻巴士停车场。范围北侧为中国馆及一缓冲区域，南侧有轨道交通7号线、轨道交通8号线站点。东西两侧各有一规划前所保留的协调居住区。

设计目标：
协同周边居住区及开放空间形成完整的TOD结构，优化交通策略——协调轨道交通出口与其他交通工具的换乘。

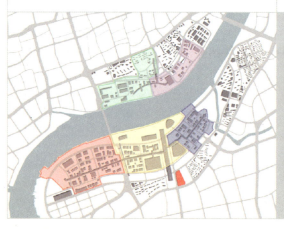

世博会期间，世博园区将承受大人流量的活动。世博会结束了，重新回归城市的世博园区将如何被利用？大尺度的外部环境将如何重新融入城市……

设计目标：
优化城市形态——形成多层的叠加结构及连续的街道环境。

上海世博会规划方案综合步行适宜距离、人体尺度和参观者的认知度等因素，提出了"园、区、片、组、团"五个层次的结构布局。

设计目标：
在垂直方向上进行包括交通、商业、文化、景观等复合空间的处理，利于辨认方向和城市合理发展。

世博会后将建设成为以国际贸易为主导功能，辅以会议展览、文化交流、旅游休闲、商务贸易等功能的地区，使该区成为上海城市的功能和形象得以提升的标志性区域。

设计目标：
优化区域价值——利用轨道交通的区域效应发挥空间经济及文化价值。

关于世博会
世博会是一种展示活动，它可以展示人类所掌握的满足文明需要的手段，展示人类在某一个或多个领域经过奋斗所取得的进步，或展望未来的前景。
我们通过参观世博会上的一件件文化和科技的展品，可以看到和见证人类历史的连续性，文明的进步和社会、时代的发展。
一部世博会的历史，可以说就是人类从落后走向进步、从封闭走向开放、从冲突走向合作、从崇拜物质走向崇尚科学的历史……

Events

Time **Space**

Collisions

The Fifth Mark

世博是一个 事件

事件承载着 时间 与 空间

当沉淀在 三号 地块……

时间与空间的 碰撞 后……

形成主题 第五印 ……

"第五印"

"印"是一个时空概念：

包含记忆、印象、印迹……

"第五"是一个时间概念：

处在一轴四馆延伸的特殊位置，以世博轴为五线谱的四个音符已经存在，"第五"也是对永久四馆的一种时间先后上的延续。

Space	Past
	Now
	Future

空间概念：Past
世博前为居住场地存在，因世博事件被强制夷为平地，世博后成为交通换乘区。假设没有世博事件的参与，会不会继续原有居住的记忆？

空间概念：Now
世博主题强调更美好的生活环境的塑造，对于世博，我们将保留什么样的印象？

空间概念：Future
对于交通方式的改变，轨道交通的发展，"轨道时间"逐渐会成为人们意识中空间远近的单位，而轨道交通站点成为了城市连接的空间网络，这种情况导致的一种现象就是：人们对城市空间的认识逐步被压缩成为车窗内循环往复的框景，城市空间散布的轨道站点成为了人们认识城市或特色的重要空间元素。

"第五"延续着时空的穿越

"第五"音符的延续……

"第五"联系着过去与未来

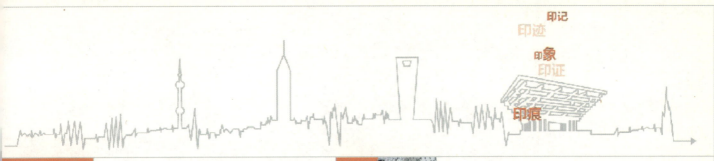

印记
印迹
印象
印证
印痕

外滩是上海最著名的景观，具有丰富的文化内涵。江滩、长堤、绿化带乃至美轮美奂的建筑群所构成的街景，是最具有特征的上海景观。

上海世博会以"城市，让生活更美好"（Better City, Better Life）为主题，将是探讨人类城市生活的盛会。

石库门是最具上海特色的居民住宅，脱胎于中国传统的四合院。洋场风情的现代化生活，打破庭院式大家庭的传统生活模式，取而代之的是适合单身移民和小家庭居住的石库门弄堂文化。

上海世博会以"城市，让生活更美好"（Better City, Better Life）为主题，将是探讨人类城市生活的盛会。

老虎窗，体现了20世纪30年代上海文化精神的某些方面：一个压抑与自由相互冲突的空间。

法国馆被一种新型混凝土材料制成的线网包裹，尽显未来色彩和水韵之美，即使在充满钢筋混凝土的城市中，依然能享受到阳光、绿色和水。

白玉兰作为上海市市花，既是上海城市形象的重要标志，也是城市文化的浓缩和城市繁荣富强的象征，对塑造城市形象和提高城市文化品位具有积极意义。

瑞士馆以可持续发展理念为核心，开创性地结合自然和高科技元素。最外部的幕帷主要由大豆纤维制成，既能发电，又能天然降解。

"梧桐树效应"作为一个文化符号，不是一个单纯的绿化概念，更蕴涵了非物质的内涵，尤其是人文的积淀。如果说最能凸现上海历史性老建筑的魅力，并滋生上海人情怀和文化源的，那就是"梧桐树"。

英国馆所有展品的创意、设计都源自自然、表现自然，以自然与人的关系，阐述着世博会主题"自然的睿智"。

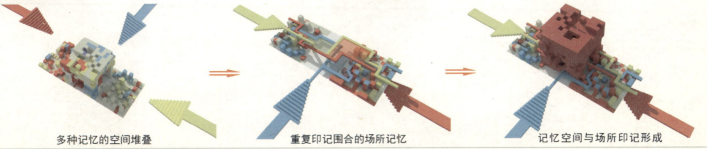

多种记忆的空间堆叠　　重复印记围合的场所记忆　　记忆空间与场所印记形成

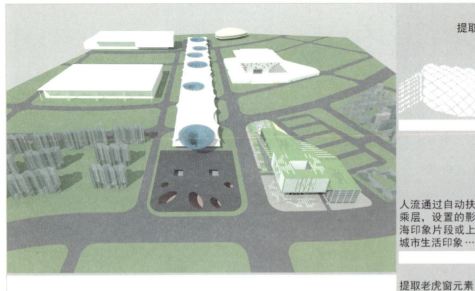

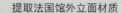
提取法国馆外立面材质

人流通过自动扶梯下至地下交通换乘层，设置的影像墙，通过一些上海印象片段或上海世博图像，阐述城市生活印象……

提取老虎窗元素

提取梧桐树元素

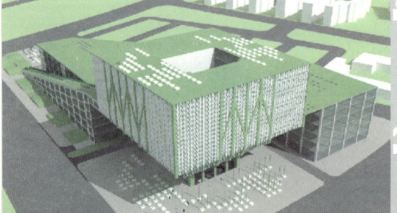

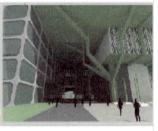
里弄的空间表现

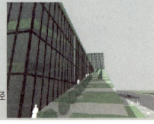
覆土的爬坡屋顶，延伸前广场的行径范围，行走于呼吸绿色气息中……

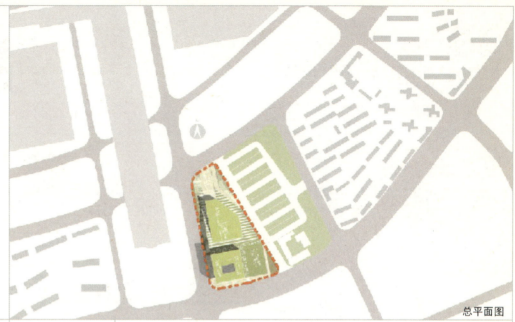

总平面图

经济技术指标：

用地面积：29812 m²
建筑面积：151157 m²
占地面积：11653 m²
容积率：5.07
建筑密度：39%

设计说明：
方案外形设计是从法国馆和梧桐树得来的启发，建筑从老上海里弄的"老虎窗"正面开、背面斜坡的特点提炼得到体量关系，显示上海传统石库门建筑的文化魅力和世博提出的绿色出行、低碳生态的理念。方案由交通、商业、餐饮、商务会议等功能空间组成，主要入口设于南侧架空层下形成的缓冲空间，便于人流的等候聚集。人流通过自动扶梯下至地下交通换乘层，扶梯两边设置影像墙，通过一些上海印象片段或上海世博图像，阐述城市生活印象。架空部分作为流线的起点，是空间组织的第一次高潮。贯穿其中的呼吸井系统使空间趋于缓慢行动。并有机联系了相对对立的商业和主体的辅助空间。北侧建筑体量采用覆土绿色植被坡道的形式在为中国馆保留足够的视线缓冲区域的同时，也给人们预留了更多的城市广场空间。

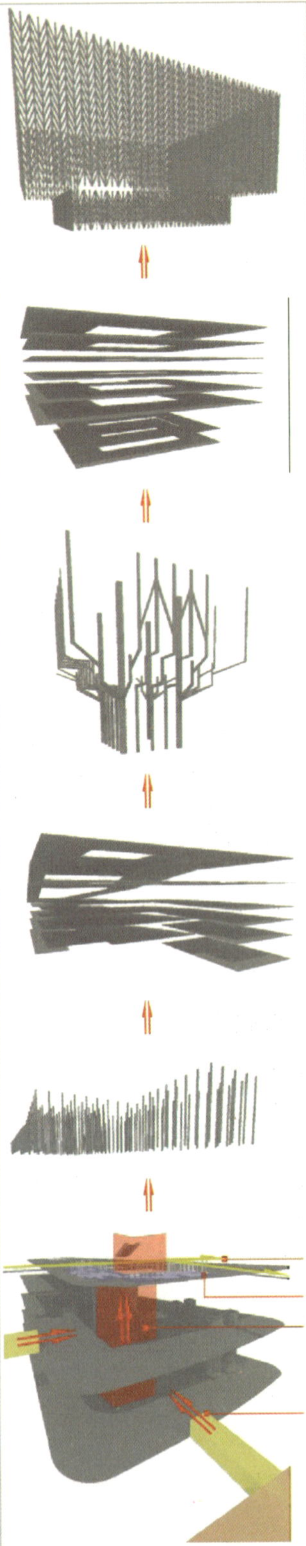

四川美术学院建筑艺术系

酒店外立面肌理

酒店横向构造板

酒店树状结构体系

商业文化横向构造板

商业文化建筑竖向柱

地上便捷机动穿梭道
架空入口广场
竖向树状垂直上升筒体

地铁出入口

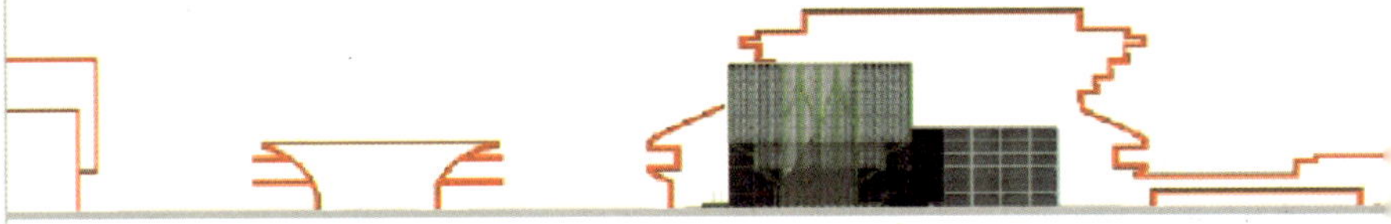

南立面图

北立面图

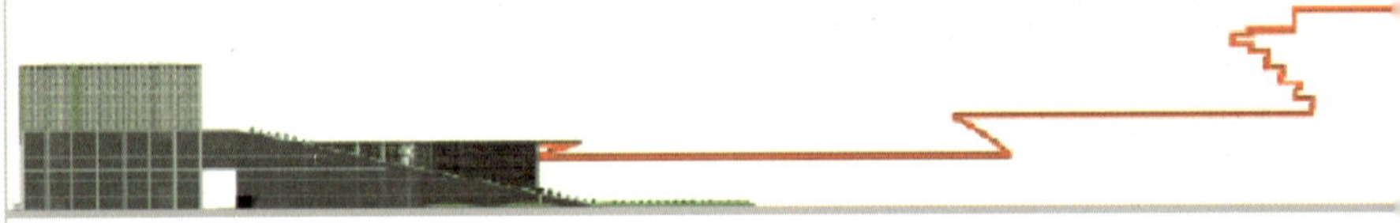

东立面图

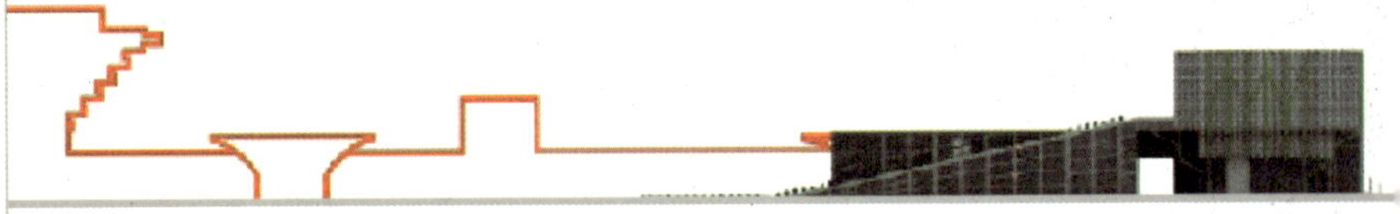

西立面图

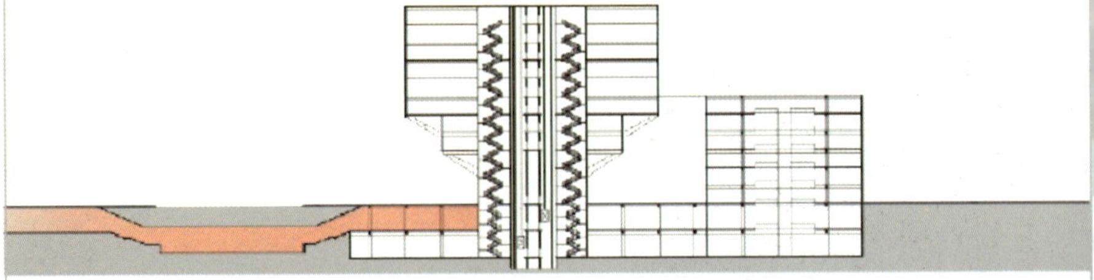

剖面图 1-1

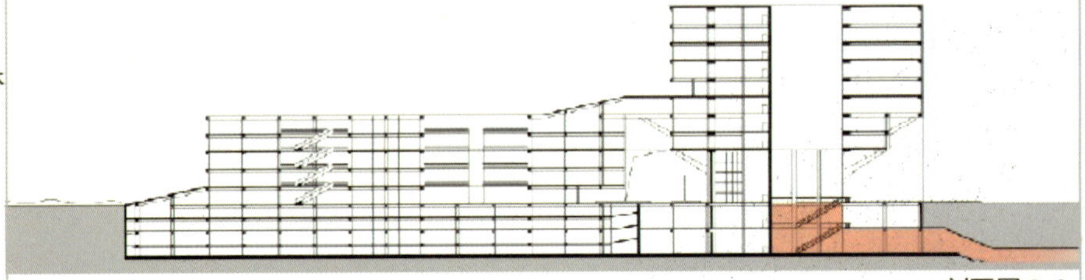

剖面图 2-2

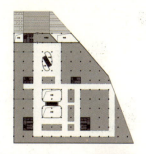
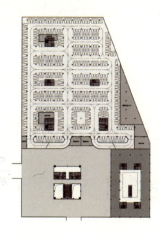
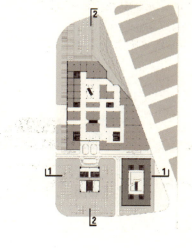

二层平面图　　　　　　　负二、四层平面图　　　　　　　一层平面图

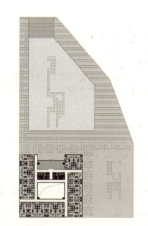
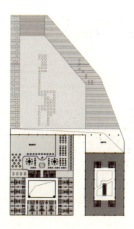
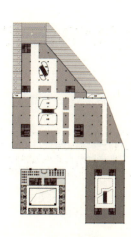

八~十一层平面图　七层平面图　　　　　六层平面图　　　　　四、五层平面图

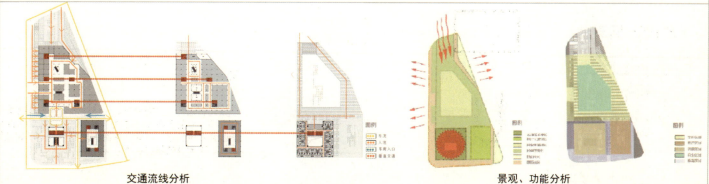

交通流线分析　　　　　　　　　　　景观、功能分析

磁化效应 Magnetization

—— "低碳磁铁" 后世博四校联合毕业设计

指导老师： 黄耘、李勇
设计成员： 李正江、谭敬之

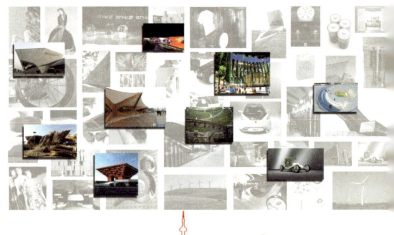

？上海世博会是什么？

我们认为本届世博会是一次盛大的聚会，它将世界上最先进的低碳环保概念，用建筑、用产品、用体验的方式、用展览的形式展现在人们的眼前。

解读

我们将世博会本身看做一块大的磁铁，利用它的磁性，把世界各地先进的低碳技术和低碳生活模式吸收过来。以展览的形式重新组织，进行磁化，使低碳理念具有更强的影响力，吸引更多人的关注，然后进入人们的生活中去，彰显世博会的主题——城市，让生活更美好。

上海世博会中的低碳科技

新能源科技的推广应用

上海世博会将大规模应用太阳能技术，使人们能体验到太阳能技术给生活带来的变化。园区内 60% ～ 70% 的室外照明将采用半导体（LED）照明，其中景观照明部分 80% 以上由 LED 担当。 世博会的场馆将通过江水直接冷却水系统，直接从黄浦江取水。博会场馆中安装运行的燃气空调（非电溴化锂空调），半年可减排二氧化碳约 4 万 t。

展览展示中的低碳科技

本届世博会的主题本身就蕴涵了倡导可持续发展的要求，因此在许多展馆的主题演绎就包含了低碳的内容。

新能源交通工具的应用

园内各类新能源汽车的规模运用将超过 1000 辆。

生态建筑科技的推广应用

汇聚了多学科最新成果形成的生态建筑技术，将为建设资源节约、环境友好城市提供有力的技术支撑。

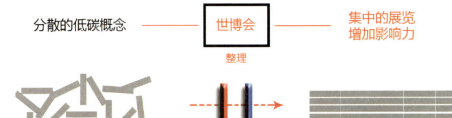

分散的低碳概念 —— 世博会 —— 集中的展览 增加影响力

整理

铁　　　磁铁　　　磁性

磁化现象

铁均有磁性，只因内部分子结构凌乱，正负两极相互抵消，故显示不出来磁性。若用磁铁引导后，铁分子就会变得有序，从而产生共同的特性——"磁性"，这样的现象就是磁化现象。

❓ 后世博是什么？

"后世博"不能仅仅停留在场馆的利用和处理上，我们认为应该极力地扩大世博会的影响力。后世博不是需要确定一个最终结果和最佳方案，只是为了适应变化不断产生的一种使用与发展的思路。这样一来，创造建筑的行为就变成了一系列不可预测变化的连续探索。

解读

世博会毕竟只有短短的6个月的时间，我们想让低碳生活的概念深入人心还是远远不够的。所以，我们后世博的理念是传承世博会的低碳概念，延续它的影响力。

世博会结束后，我们希望在世博场地中寻找一块场地，利用磁化效应，将世博会中的低碳概念吸取过来，让它留在场地中延续它的影响力，继续发挥对人的磁化作用。

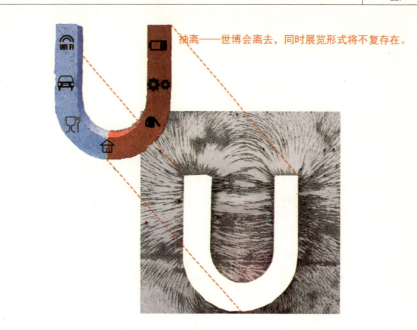

抽离——世博会离去，同时展览形式将不复存在。

磁化过程

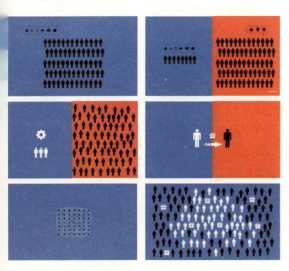

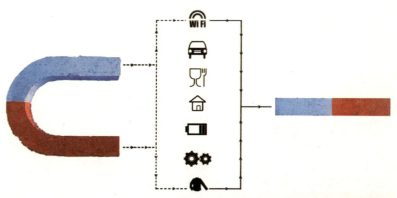

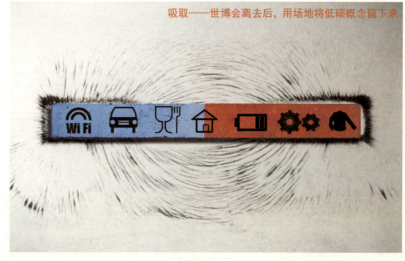

吸取——世博会离去后，用场地将低碳概念留下来。

设计场地选择

我们选择宝钢大舞台的改造项目为我们的设计对象，实现我们的第二次磁化的目的。

建筑的表达方式上，我们也遵循低碳原则。是希望用工业废品，和生活废物所再生的材料或者就是直接用废旧的工业废品来对建筑进行再次改造。比如废弃的集装箱、废纸、拆迁后的钢材等。让人们对低碳生活，能够摸得到，感受得到，而不是只单单地用眼睛看到。让人们可以参与其中。功能定位为世博低碳生活体验博物馆。

磁化效应 Magnetization

场地分析

对于场地，我们主要是从两个方面结合起来分析的。如图所示，X轴是宝钢自身的发展时间轴，Y轴是世博的发展时间轴。单看X轴，宝钢作为工业建筑，随着环保意识加强，其本身的命运是没落被代替。但是突然有Y轴的加入，一个事件的介入赋予了场地新的意义。我们所要考虑的是事件结束后，场地的发展方向。

由于世博事件的介入，场地的性质发生了变化，它所承载的东西更多。我们要继承什么？延续什么？成为我们设计的突破点。

设计思路

我们的方案，成为了世博会离开后留在场中的一块被磁化后，具有磁性的新的磁铁。它在世博会离开之际，用自身的磁性，把世博会中对人们影响最大的一些低碳理念吸收了过来，传承了世博会的性质，继续发挥着作用。我们有一个想法，就是这个设计其实是有延展性的，它应该是一个事件，有一条轴线可以不断地发展，因为会不断地而又有新的被磁化后自身带有磁性的东西出现，那么我们的影响就会无限地放大下去。

从低碳的角度来看待设计，我们非常乐意从世博会后要拆迁的展馆上获得建筑原料，并且它们本身也是低碳节能的材料。

我们的建筑将尽可能地吸引世博会中的低碳环保事物和理念，并磁化来参观此地的人们。

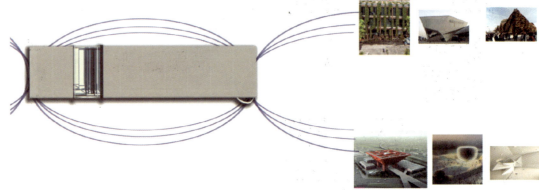

表现手法：
入口借用法国馆内部的绿化墙，收集雨水，被动控温。建筑主体材料采用德国馆外墙，新型建筑布料，美观实用，透气性好。西班牙的藤编外墙，用于本建筑景观围合。光伏太阳能板的运用，解决建筑部分耗能。废弃纸张回收压缩重造的低碳室内装饰材料……

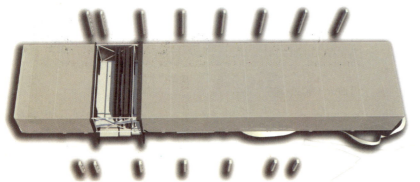

设计思路

　　建筑空间的好坏不仅仅取决于尺度，在满足这些基本生理和心理的基础上，空间应该在更高的程度上对人的需求有所满足——意识形态方面满足人们对联想空间的需求。建筑本身就像一个容器，其实际意义并不是容器本身，而是容器所围合的"空间"。这个"空间"不仅仅是从人体尺度上的一种限定，它还包含了在空间中给人们的心理、经验、记忆、文化等多方面信息引导。基于此理论，在"低碳磁铁"的设计中，力求对"磁化效应"的哲学化。用类比的方式阐述设计方案与磁铁效应的相同性。

　　处于环境中的人对他人的活动总具有好奇心，而在低碳磁铁的设计中，力求在整合的矩形空间中穿插伸出的平台相互交织，而弱化竖向的围合，正是希望在建筑的室内空间中有相互交流的可能。通过视听的可达性来达成，以此促进人与人的好奇心。

磁化现象

表面现象

磁化后吸附性

内部性质　　　　　　　　　　产生内部次序

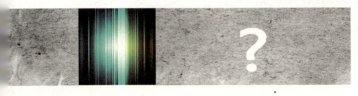
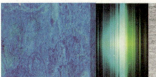 

磁化的前提是得寻求"被磁化物"，在世博中寻求到"低碳"事物作为被"磁化物"。

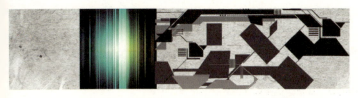
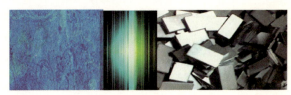

磁性的吸附作用将会是同一特性的事物汇聚于此，或许形体凌乱，却乱中有序地依存在一起。

磁化过程中结构排列变得有序，低碳展出物以一定的顺序呈现在场所之中。

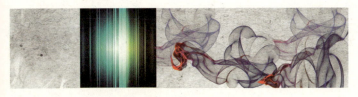
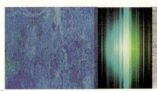 

经过磁化后，内部分子磁极变得相同，结构变得有序，产生磁性。尚存的磁性继续影响周边的事物。

磁化效应 Magnetization
方案生成

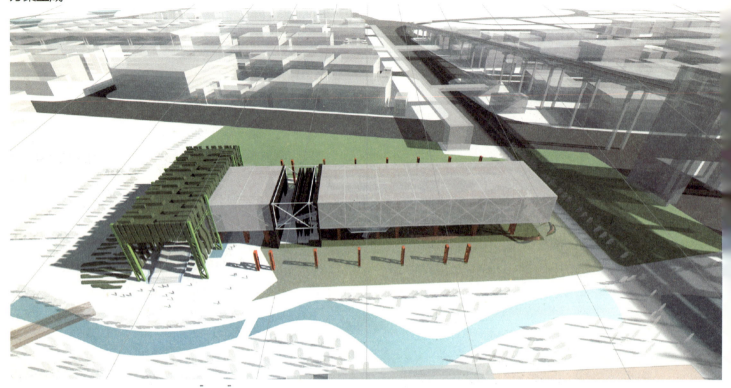

平面图

改造中我们保留了建筑的承重体系，只不过由于建筑功能的变化，只用到了其中的一部分。剩下的有一部分留在原地成为场地中的景观，另一部分拆走运用到其他地方。

建筑底部抬高10m，形成一个开放的休闲空间。有利于自然风穿过建筑主体，对建筑进行温度的调节。让建筑能更好地融入公园环境之中。

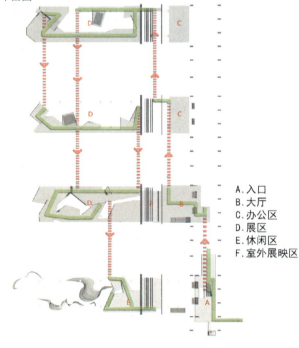

A. 入口
B. 大厅
C. 办公区
D. 展区
E. 休闲区
F. 室外展映区

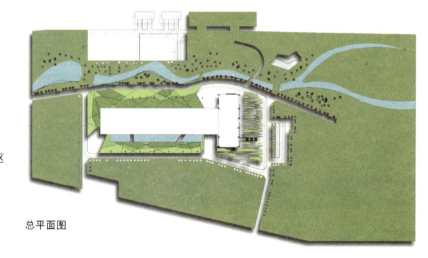

总平面图

轴测图

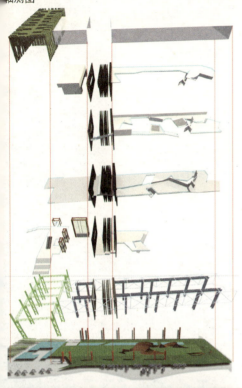

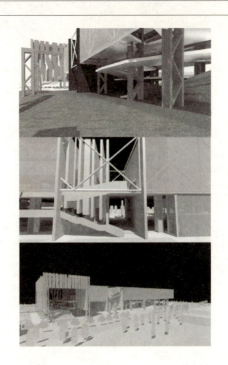

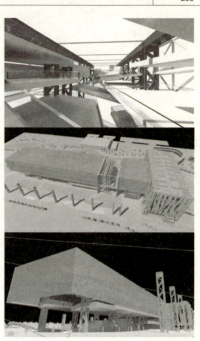

立面图

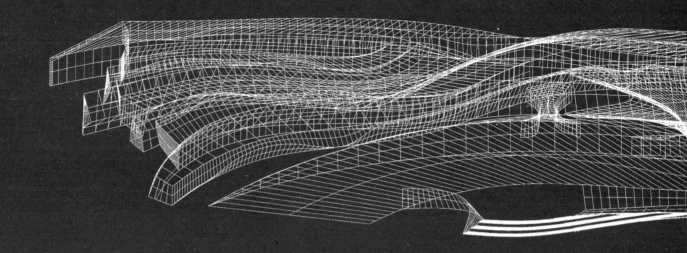

混沌空间 Chaos Space
"后世博"白莲泾地块建筑概念设计
指导老师：黄耘、李勇
设计成员：和亚贞、李鹏

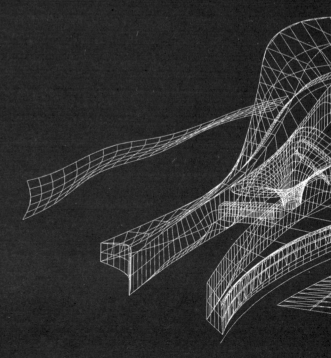

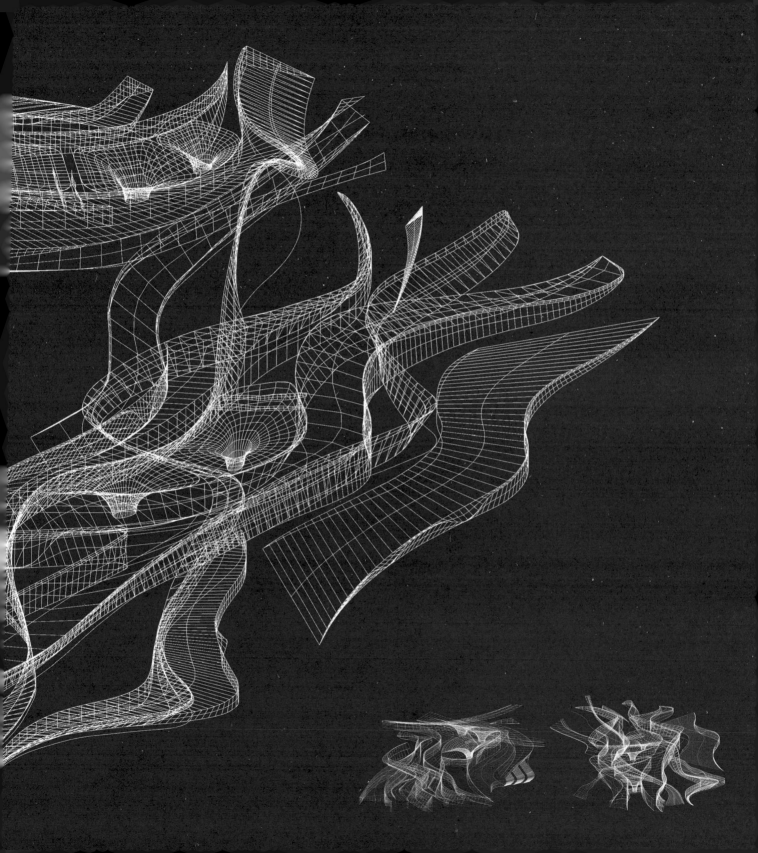

摘要 Summary

围绕对"后世博"的思考，我们研究的对象锁定在白莲泾地块之再利用上，我们希望以地块独有的环境资源和文化底蕴来探索新颖的建筑空间，承载人们对精神文化和物质文化的需求，以达到让生活更美好的目的。

世博会的本质是多元文化的交流，我们试图以图解的方式通过对世博前、世博、后世博不同时期多元文化变化发展的规律进行探索，从而得出这样一个结论：多元文化的演化是混沌的过程。把世界的多样文化作为一个原始系统，在世博会的冲击下，系统内部和外部均会受到诸多复杂的不确定因素影响，在时间的推移下，这些影响会如同"蝴蝶效应"一样被放大化，导致"后世博"多元文化系统更加复杂化、多样化，但要确信的是系统始终依赖于原始系统而存在。

然而，在系统受到外界不确定因素影响的时候，这些不确定因素自身的发展变化呈现出的是一种混沌的运动，表现出的特征有不确定性、不可预料性、无周期性等，所以它所导致的整个系统的运动也体现出这样的特征。继而在"后世博"时期，多元文化系统也处于混沌的状态。由此，我们希望能以多元文化混沌的存在在空间上的隐喻为切入，来寻找建筑的语言，以表达我们的设计概念——混沌空间。

白莲泾地块功能演化

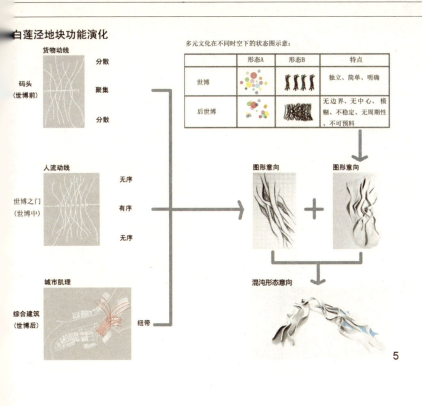

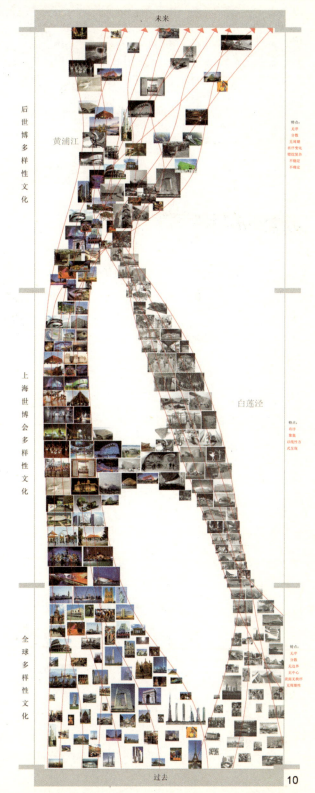

1. 鸟瞰图
2. 区位图
3. 周边现状
4. 基地分析
5. 概念分析图
6. 总平面图
7. 概念模型照片
8. 草图
9. 模型渲染
10. 多元文化演绎

1. Bird's eye view perspective
2. Situation plan
3. Status quo
4. Base diagram
5. Concept diagram
6. Site plan
7. Conceptual model photos
8. Sketch
9. Renderings
10. Multiculturalism

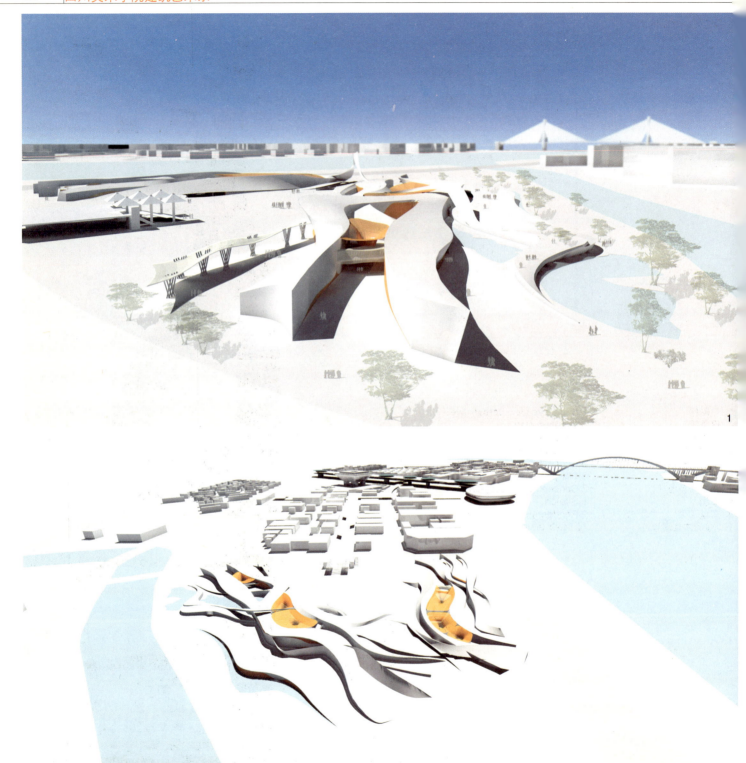

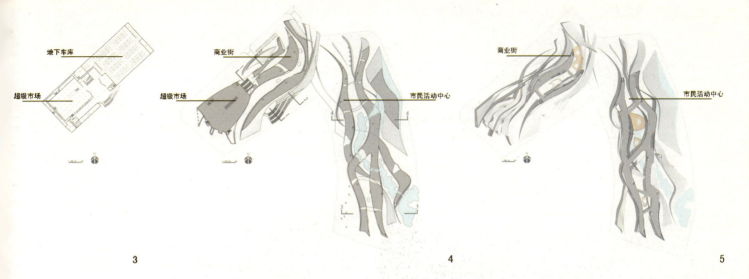

从基地出发，考虑到地块的特殊性，两江交汇处，拥有丰富的自然环境资源，因此提出了生态的理念，充分利用滨水优势，扩大自然景观，减少建筑对生态环境的破坏（作覆土建筑考虑）；同时，将水引入基地及建筑空间中，塑造宜人的生态湿地环境，从而来实现可持续发展。

从概念出发，以非线性的形态来表达混沌的概念（作为一个大型的艺术品来考虑）。

从建筑功能出发，结合周边城市功能，打造城市公共开放空间：建筑作为城市公共功能，在满足市民公共文化活动（市民活动中心）的同时提供市民生活的需求（大型超市附带局部商业），从而激发周边活力。

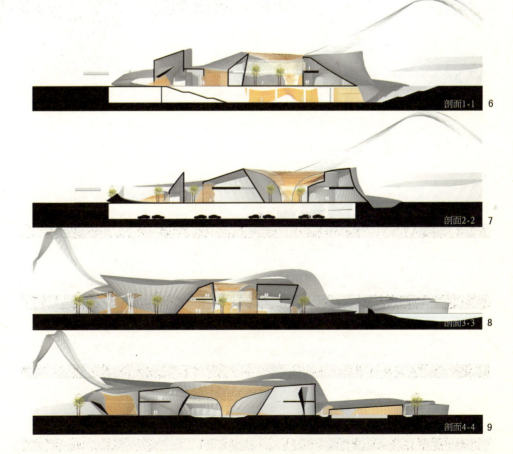

1~2. 外观效果　　1~2.Exterior view
3. 地下层平面　　3.Basement plan
4. 一层平面　　　4.First floor plan
5. 二层平面　　　5.Second floor plan
6~9. 剖面图　　　6~9.Sections

四川美术学院建筑艺术系

1

2

3

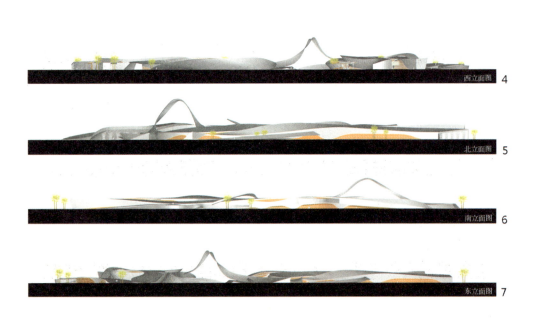

4 西立面图
5 北立面图
6 南立面图
7 东立面图

1～3. 外观效果
4～7. 立面图
8. 外观效果
9～13. 内街
14～17. 室内

1～3.Exterior view
4～7.Elevations
8.Exterior view
9～13.Inner street
14～17.Interior space

建筑极具动态的、曲变的、复杂的、无规律的、非线性的空间形态和雕塑感的外形将其与周边的商业和居住区建筑区别开来，从而成为该区域的富有特色的建筑物。建筑形态也同样反映出其作为城市肌理的一部分与运河之间的纽带作用，同时体现出无序与有序的有机结合。

8

9　10　11

12　13　14

15　16　17

自行车大都会
Cycle Metropolitan

指导老师：黄耘、李勇
设计成员：江哲、陈志坤

In legend story, the beauty of phoenix should be tempered through fire shower. It could transfer itself to the orthodox nobleness king bird after renascence.

传说中，凤凰的华美要经过一次烈火的洗浴，重生之后才能成为真正高贵的百鸟之王。

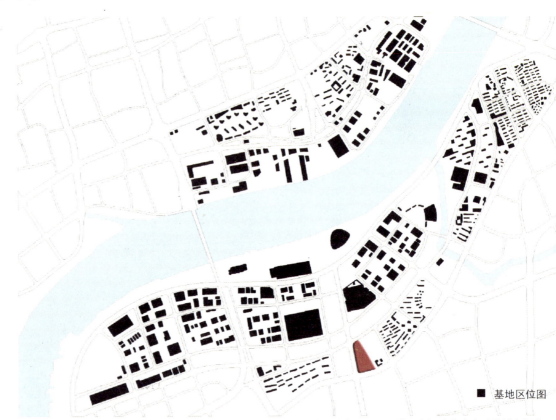

■ 基地区位图

2000 年

2002 年

2005 年

2008 年

2010 年后

基地 3
2000~2010 年用地性质的转变

在城市发展进程中，拆除与新建都不过是空间再生产循环链中的常规运动，土地及空间功能会应对着城市职能的调整作出相应的反馈，也会造成城市居民空间区位及由此衍生的各种变化。基地 3 因世博的关系经历了住宅—厂房—世博检票口一系列的变换，其周边建筑也因世博用地性质发生了应对性的改变。

（一）对上海世博会的理解

1．在建筑师看来，世博会是建筑与空间的嘉年华；

2．在规划师看来，世博会是突击式生产的另类城市领域；

3．在结构师看来，世博会是学习各国传统文化与先进技术融合的时机。

（二）对"后世博"的理解

1．建筑设计理念从传统工程设计领域向创意设计领域转变；

2．建筑创作正在运用尖端技术与建筑创作进行结合；

3．以新型材料为基点寻找设计灵感，把握建筑创新的主动权；

4．迎向繁荣的本土建筑文化时代。

前期篇

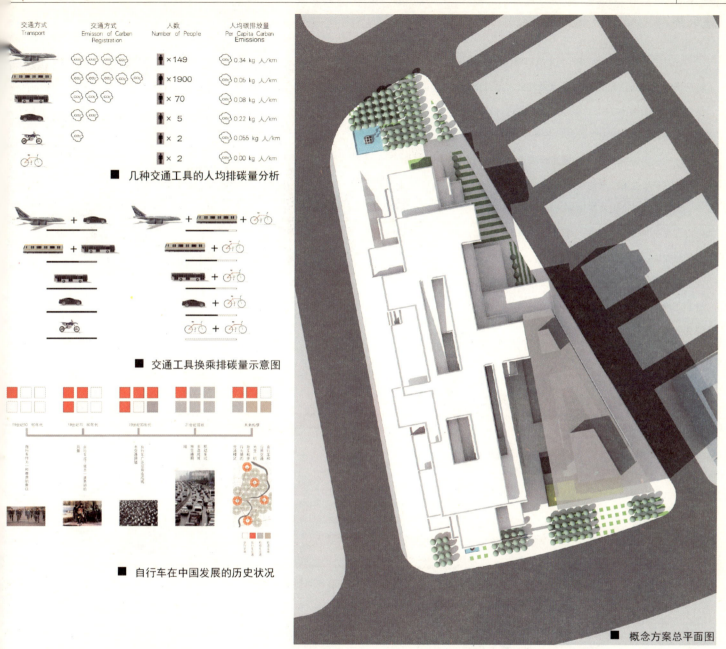

■ 几种交通工具的人均排碳量分析

■ 交通工具换乘排碳量示意图

■ 自行车在中国发展的历史状况

■ 概念方案总平面图

　　通过对目前上海城市出现的交通拥挤、城市环境质量下降、城市居民身体疾病增加等问题的研究，基于基地3世博会后特殊的位置和环境，交通转换功能的提升，把它立意为一个立体交通体系。作为一个重要的TOD模式下的地块，它的价值是非常重要的，但是作为此次课题设计，我们有着自己的重点和我们对城市的理解，所以我们忽视它的商业功能而重点突出它的交通转换的功能；既然是交通转换，我们通过对各种交通工具和出行方式进行研究，最后得出以自行车为主的复合交通模式是一个节能、高效、健康的交通模式。

　　自行车曾经在中国有着辉煌的历史，它有着历史基础，并且自行车在国际上已经重新成为人们推崇的出行工具，我们的设计就是从自行车开始出发了……

建筑篇 形体、交通、功能

此次设计是以"后世博"为主题的概念设计,通过对世博和后世博的解读和对场地的分析,我们设计的定位是以交通换乘为主的交通建筑,通过对当前先进理论的解读,我们提出了以自行车为主,低碳、环保的交通方式,所以此建筑方案重点研究自行车的行为方式和自行车与轨道交通的换乘方式。

本方案是一个以自行车换乘为主的交通建筑,是一个自行车的停车楼,是一个展示自行车和自行车活动的博物馆,是一个自行车运动的活动场。以自行车为主题进行功能设计,以自行车的转换、停放、租赁、维护、展览等作为建筑的功能进行设计,形成一个自行车的大都市。

■ 前期方案自行车流线分析

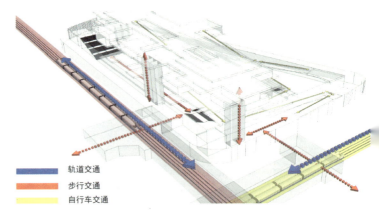

■ 场地交通分析

在建筑形态上以平台的概念而形成,这个平台的功能和形态具有可变性和灵活性,并且想通过这次设计为后来的交通方式设计提供一个平台。

我们认为建筑应该为城市作贡献,为城市生活作贡献,所以我们的主体建筑是以纯粹的自行车功能为主,目的是要以一种引导的手法来推广以自行车为主的交通方式。在场地东侧我们预留一块作为建筑其他未知功能的建设,为建筑的多功能发展提供可能性。

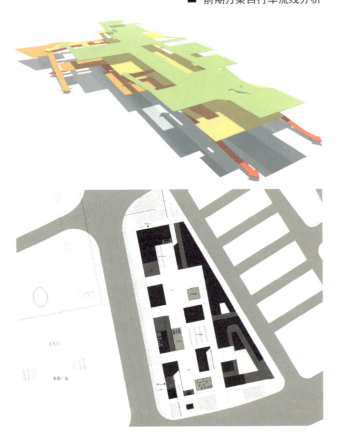

■ 一层平面图

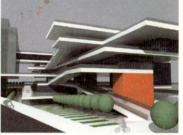

■ 主体建筑透视图　　　　　　　　　　　　　　　　　　　　■ 主体建筑局部透视图

1F 自行车DIY、演出　2F 自行车专卖店　3F 自行车训练营　4F 自行车博物馆　5F 自行车博物馆　6F 自行车极限运动场　其他

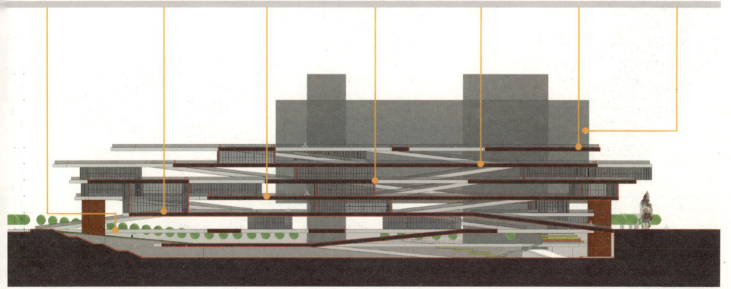

■ 方案剖面和功能示意图

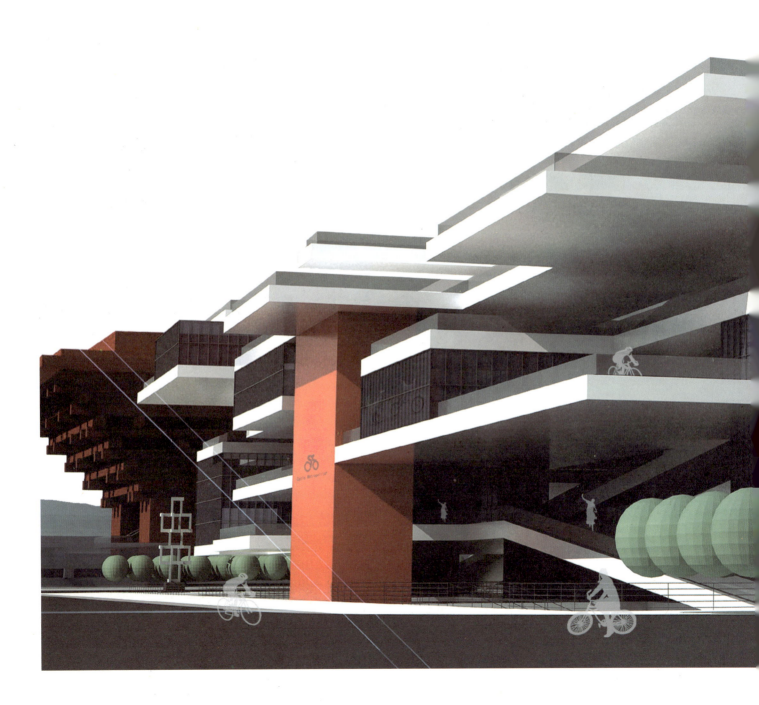

■ 主体建筑透视图

后续篇
自行车城市构想

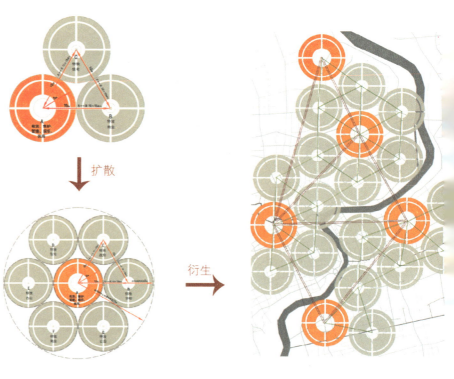

自行车的平均时速在 10~15km/h 左右，以骑车 1h 为一个服务圈，半径为 15 km，在这个服务圈内中心有个服务点，服务点具备自行车的停放、租赁、维护、管理、展览、换乘等功能，我们的这次方案设计就是一个自行车的服务点；服务圈内具有许多城市功能点，比如：学校、商业、政府、住宅、办公等，这些功能点具有自行车的停车租赁的功能，通过自行车能满足城市居民的日常生活。这种服务点能在城市中扩散，服务点和服务点之间通过轨道交通进行连接，形成一个完整的城市交通系统。

■ 自行车中心点服务区和衍生示意图

结论

通过对上海世博会、后世博的解读，并基于城市交通和设计场地现状的研究，运用可持续发展生态学理论提出"自行车城市"的构想。结合我国大城市目前的交通形势，提出自行车与轨道交通换乘的意义与必要性。自行车与城市轨道交通的有效衔接的实施在弥补轨道交通自身的缺陷，扩大轨道交通服务范围的同时，也在一定程度上降低道路机动车交通流量和机动车尾气对城市环境的污染。通过对自行车与轨道交通换乘需求、停车场规模及衔接形式、配套服务等方面的探讨，提出了自行车回家、自行车工作、自行车购物、自行车旅行、自行车运动等一种以自行车衔接轨道交通为主导的"自行车生活"模式。"自行车城市"这一构想的实现，将促使自行车交通由个体交通向准公共交通的转化，进而缓解城市交通、减少二氧化碳排放。这样才可以让城市成为一个更加低碳、环保、健康、"绿色"、更适合人们生活的都市。

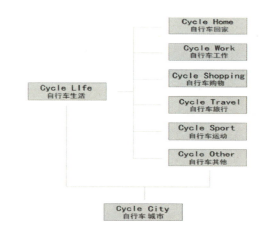

教学研讨会实录

与会嘉宾：

林学明（广州集美组室内设计工程有限公司总裁）
彭　军（天津美术学院设计学院副院长、环艺系主任、教授）
苏　丹（清华大学美术学院环境艺术设计系主任、教授）
支文军（《时代建筑》主编、同济大学建筑与城市规划学院教授）
吴广陵（《新建筑》编辑）
王海松（上海大学美术学院建筑系主任、教授）
朱邦范（上海城建设计院建筑分院院长、总建筑师）
杨　岩（广州美术学院建筑与环境艺术设计系主任）
黄　耘（四川美术学院建筑艺术系主任）
傅　祎（中央美术学院建筑学院副院长）
马克辛（鲁迅美术学院环境艺术系主任、教授）
吴　昊（西安美术学院建筑及环境艺术系主任、教授）
李　勇（四川美术学院建筑艺术系副教授）
戎　安（中央美术学院建筑学院教授）
丁　圆（中央美术学院建筑学院副教授）
谢建军（上海大学美术学院建筑系副教授）
哈　凌（上海大学美术学院建筑系兼职老师）
陈　瀚（广州美术学院建筑与环境艺术设计系教师）
何夏昀（广州美术学院建筑与环境艺术设计系讲师）
王平妤（四川美术学院建筑艺术系讲师）

■ 研讨会现场实录

主 题：2010四校联合毕业设计专家研讨会

时　间：2010年6月5日下午
地　点：番禺路58号 Z58
主持人：王海松（上海大学美术学院建筑系主任）

主持人： 今天的研讨会现在开始。欢迎各个学校的老师、建筑师欢聚一堂一同参与今天的研讨会。（掌声）（对各校老师、建筑师的介绍略）

首先请清华大学环境艺术设计系的苏丹老师谈谈他的想法。

苏丹（清华大学环境艺术设计系）： 首先我从两个角度谈，一个是从这次活动本身它的价值和意义来谈一下我的看法。另外，从艺术院校办建筑学专业方向，我个人有一些新的体会。

第一，我是第一次观摩以四个学校联合课题来作的展览，我觉得挺好的，题目定得也挺好的，作为一个活动应该是很成功的，有一个集体的亮相，至少不是代表一个学校的声音，代表一种新的声音。这种学院的交流，肯定对于中国的建筑教育，多元性和丰富性是有帮助的，因为我觉得中国的建筑教育，一直也是沿用典型的范式的推广，模仿传播这样的状况。提到交流，应该保持自己的特色，恰恰是通过交流，更加明确，这是很重要的一点。无论如何，这次活动还是蛮成功的，一个是规模不是太大，我觉得规模不要太大，大规模的东西没有什么好结果。往往大规模的东西导致集体的无意识，而且给你一种盲目的乐观情绪，我认为目前控制在一个可控的范围之内，大家互相了解，互相谈感受的时候，能够听到对方在讲什么，我觉得这次活动组织的计划，题目的选择，到规模的控制都非常好。

包括今天选的这个场所，从这个场所来看，我又想到另外一个问题，对题目实质性的东西提一些我自己的看法。因为建筑教育、设计教育是多元性的，目前从艺术类的院校办建筑教育也存在一种威胁，就是继续延续过去老八所的习惯，以工程教育为主题的东西。还有一种为了不同而不同的东西，我觉得艺术院校最重要的特点（我开始反思这个事情），恰恰是强调感性的东西。感性的东西看不见，摸不着，这一点从这次交流我看不到，我们看到的东西被容纳的东西给遮盖掉了，比如世博、后世博，建立在这种基础之上，思考的问题很宏观、很全面，但是缺少一些独特。艺术院校办建筑系最重要的特点其实是独特的，就是它注重个人，如果没有个人的志趣和看待世界的艺术，一定要从人类学角度来看，不同人看待世界的方法，甚至必须解决这个问题的方法。

昨天到上海我跟大家聊过一件事情，我前一段时间在意大利，和一个学服装的学生交流，这位学生是在米兰非常特立独行的一个人，在米兰街头唯一引人注目的中国人。跟我聊了很多，因为他在选择院校时，遇到困惑。他在米兰理工学，觉得不适合。通过他的个案，通过这个现象，我觉得独立的大学和综合性的大学，包括强调技术的大学和强调个人的大学是完全不一样的。我认为艺术院校应该是强调个人的，它不是应该强调一个体系、一种统一的声音、统一的知识结构，这种更重要的价值是挖掘个人，跟文化课统考还是有区别的，还是希望看到对象的。从Z58这个场所来看，我们能够感觉到建筑设计的个人气质，他的独特手法，如果建筑学将来强调这个东西的话，有点意思。至少我们翻过去以后，对它有补充和修正。目前来看，问题大家都清楚，现状大家都是人云亦云的状态，别人讲什么我们做什么，还是看不到个人独立的方法。所以，我觉得接下来的交流中，我希望一看到这个东西就能感觉到这个物品的存在，包括表达方式，包括入手研究的方式，我觉得目前来看，入手研究的方式相对来讲还是比较单一，声音很像，可能某个局部的载体不一样，但是研究方法还是相同的。我觉得艺术的东西，如果你把它做到极致的时候，我们能看到学生，或者教师，或者教学机构特有质感，这是我的梦想，但是如何达到？这里面需要破解的问题很多，第一我们还处在实验的阶段，大家认为把自己框定在一个范围里头，没有找到非常明确的，让你很踏实的方向。所以我感觉存在的问题我也接受不了，但是我觉得这个问题是需要我们思考的。

主持人：我觉得苏老师对我们展览的分析非常尖锐，其实我听出来，艺术院校的建筑跟传统的理工院校要有鲜明的区别。艺术院校对于作教育来说，是一个非常好的方向，但是还要考虑到评估。

苏丹：所以中央美术学院不是接受评估吗。他们评完了以后，就谈到，当时通过也很悬。中国的社会没办法，接受教育还是为了职业，父母一定是要让孩子踏实，这种文化不是我们能解决的，但是对我们有很大的制约作用，没有人说为了自己的喜好而选择一个东西玩命。

林学明（广州集美组室内设计工程有限公司总裁）：我觉得这个活动非常好，对于学生即将走向工作岗位之前，也可以说是一种比较贴近社会的题目。今天讨论的题目叫"后世博"，我一开始听这个后世博，觉得审题是非常好的，世博会开幕，也引起了全国人民的兴奋，世博会给我们带来什么东西，世博以后我们将会得到一些什么东西，首先这个命题就非常好。原来奥运会的时候，大家对后奥运没有一个关注，对后奥运做一些什么，我觉得社会是没有后续的，这次四校联合毕业设计关注后世博也是非常好的事情。刚才苏老师讲的观点，我也很同意，今天上午看完以后，发现理论做得都不错，但的确是缺少人文方面的关注。像世博会，花这么大力气搞这么大规模的盛会，我觉得后世博更应该从人文方面引出一些思考，也许学生们有不同的思考，有一些是沿着世博的概念发展，有一些是另外方面不同的思考，这些方面少了一点。

另外，这几年我也带毕业生，在毕业生毕业的阶段，我觉得除了可以让学生放开，独立地思考以外，是不是应该更加关注解决问题的能力，这方面还是缺少。我有一种很强烈的感受，题目看上去是很低碳的，但是我们是用高碳的手法做一个所谓低碳的东西。印象最深刻的是我上个月在奥地利看扎哈的项目的时候，我从不同角度去看它，就是一个普通的缆车站，就像地铁出口一样的站，弄这么夸张的手法，相当于雨棚的功能的东西，我觉得本身跟现在的低碳、环保价值观相违背，而且它做的造型特复杂，所以也没有办法把很精美的艺术品做出来。当时给我的感觉，摩尔的雕塑就已经做得这么出彩了，它对空间的转换、形体的艺术表现，我觉得扎哈的东西，你怎么做，也达不到摩尔的艺术高度。如果从物质角度来说，我觉得完全是太夸张了，我们现在学生里面有一种倾向，这是目前建筑的一种潮流。在奥地利很多建筑师给我们提了非常尖锐的问题，他们作为欧洲的建筑师，很关注中国的发展，但是中国正在走他们曾经犯过的错误——欧洲在战后走的一条错误的路子。现在在我们学生眼里面，这些做实验建筑的大师，好像是一种建筑主流思想，但是欧洲的建筑师说，这并不是我们社会的主流，我们并不认同这是我们的价值观，那只是一种实验而已。当然我们鼓励学生有创新，但是创新一定要建立在正确的价值观、正确的人文思想理论基础上。我觉得每年毕业的毕业生，在这些方面做得还不够。包括现在的学生也是，我觉得你们不要做太庞大的项目，能不能做一些很小的东西，哪怕解决一个节点，或者是一个很小的建筑或者是一个构造，都能反映学生的能力，但是现在的毕业生毕业很喜欢搞一些很庞大的动作。

主持人：其实我们半年前，四个学校就在思考"后世博"这个主题。对于"后世博"，政府官员在想，房地产开发商在想，设计师也在想，比较可贵的是我们的学生还是比较敢想。下面请我们四个院校某位学校的老师，结合教学过程谈谈自己的体会。

黄耘（四川美术学院建筑艺术系主任）： 我就结合刚才两位发言的主题来谈这半年多的想法。后世博是一个非常严重的话题。如果从资本的角度是一个呈现，如果从政治的角度又是另外一种呈现，但是对学生来说应该呈现什么样子？我觉得这个选题很有趣，在这么一个背景下面，我发现我们的同学有超出我想象的办法。我发现我们同学中间有一种素质，这种素质不见得来自于建筑学教育的素质，它悟出的道理会超出我们的想象。我拿我们的创作来说，得奖的作品《废墟中的废墟》，他从一个成熟的角度来看问题，我觉得学生在驾驭复杂性的层面上，反而会把这种主题以简单的思维方式去想。这种形态产生的过程和整个在文学上思考的问题、切入的角度特别不一样。我觉得在这个辅导过程中间，老师应该是不断地去肯定他们，这是美院系统教学里面应该有的态度，就是我们会发现它总归跟你想的不一样，这个时候我们会以我们的判断肯定他们的价值。这次四校联盟，我们让学生以他们自己的想象空间来做事情，这是我们要去做的。这是一个理想，但是这个理想怎么去实现，是一个很困难的事情。因此我们四个院校为期一周的评图，会不断地验证同学的想法。在中央美术学院，我记得有一个女生，给我们讲了一个故事，我今天特别关注这个小女生的故事，这个故事最后讲完了。我深刻地感受到，她这种感性的能力，会对后面的方案有很大的驱动力。

主持人： 黄老师特别提到讲故事的学生。

黄耘： 那个女孩子不是逻辑思维。她一直是直觉思维，我觉得挺惊喜的就是，因为我们学校的设计要达到一定的能力，所以很希望她的个性能够发展，但是又怕她毕不了业。她的东西如果从传统建筑工程角度衡量，形不成建筑设计，但是她那种直觉思维非常有意思，画面也非常有意思，后来老师就帮了她一把，找了一堆图让她学，最后通过了。

支文军（《时代建筑》主编、同济大学建筑与城市规划学院教授）： 刚才简单地看了一下，我想谈两个方面，一个方面大家都在谈建筑教育的独特性与多样性，这个话题也是去年和前年我们专刊的主题，就是探讨中国建筑教育多样性的问题，大家都知道由于评估的问题，很多院校的特色都被抹平了。由美院办建筑院校这是一个非常好的现象，所以那期我们专门有文章访谈几个美院建筑系的院长。我个人觉得美院办建筑院校是非常好的契机，听说中央美术学院建筑系现在也参加评估了，太可惜。因为我觉得评估是对那些水平不够的起促进作用，要多少空间，要多少的图书等这样一些最基本的条件的要求，所以我对美院举办学生的研讨会、展览，我是非常支持这件事情。

在世博会场地选址的时候，同济大学和法国的院校做过设计竞赛，发挥学生的思路，对目前世博会会址的选择也起了很大的帮助作用。因为那个时候，对世博会的场馆放在什么地方是有不同看法的。那次竞赛工作，得到了市里面以及国际展览局很大的评价。所以这样类型的竞赛也好、作品展也好，我觉得有它的意义。现在大家都在看世博会的时候，就比较早地看到了很多问题，大家更早地思考这些问题，我觉得非常好。

至于学生的作业，我觉得比较多的是研究案例，所以它的价值不在于它有多少可操作性，有多少宏观把握的层面，靠学生很难来把握，但是学生的作业我觉得应该有他们创新的亮点。刚才讲到美院的学生和一般传统院校的学生差异性会怎么样？这个我也不太好判断，还是比较雷同，还是比较像传统院校建筑院系的作业，就是美院一些特色的地方确实体现得不是太充分，原因我也不太清楚。

另外一点，后世博的一些思考。实际上世博园建成了，现在大家看到的园区，我相信很多部分在目前的规划与建筑当中有很多考虑，因为世博园区本身就在城市里面，里面的公共设施、基础设施以及公共的场地等。但是以后怎么使用世博园区作为我们大众的活动场所，我们也不太知道。所以以学生的方式参与，实际上是体现了公众参与的价值。我觉得一个城市发展得好坏，和大家的参与,大家是否热爱这个城市是非常有关系的,通过这样一次展览,对大众是怎么来看待世博园区的,也是一种价值。

主持人:世博园区的地可能早就被房地产开发商拿下了,但是不管怎么样我们都要考虑这个问题,从城市发展的真正需求角度,从科技的角度,从工程的角度去琢磨。其实这半年来的设计过程,各位指导老师都有非常深刻的理解。下面请各位老师谈谈自己的体会。

李勇(四川美术学院建筑艺术系副教授):这半年和学生打交道的过程中我有一个体会,在后期不到一个月的时候,我们学生有一段特别迷茫的时候,这次后世博的作业和传统建筑学的作业都有很大的不一样,因为我们设计后世博有一个很强烈的时间因素。很多方案,表现的只是一个瞬间,但是很多学生的作业要反映的是一个过程,刚才黄老师说的《废墟中的废墟》也是表达一个建筑从拆、建、搭整个过程,它实际的表现力只在一个瞬间。从后世博这个题目来说,我觉得非常好。对建筑来说,还是跟时间很有关系的,我们学生说到建筑实际上还是有一个成长、消亡的过程,从建筑学的角度,我们去关注建筑的命运。这个作业应该说提供了一个很好的示范作用。

陈瀚(广州美术学院建筑与环境艺术设计系教师):后世博这个概念我们也讨论了很多,我们老师对这个概念也是在不断进步当中。我从几个方面来谈这个课题的收获吧。

一个,从概念来看,后世博,一个是后,一个是世博会。另外,我们这次世博会的主题是"城市,让生活更美好"。后世博如何发展,可以分成三个部分理解。一个是城市怎样让生活更美好,怎样的城市让生活美好,如果现在的城市生活不美好,我们该怎么办?同学们在这个过程当中有很多解读,最后的展览分成几个部分,有强制手段的,有非强制手段的,强制手段的有像上海宝钢大舞台的改造,我们就留一个壳,在里面做一些理念性的,或者是促进别人对城市生活理解的手段,有几个学校都在做这个事情。还有一个印象很深的,四川美术学院的同学以非常之手段、以自然的手段介入时间主轴去发展一个方案。这体现出同学们手段上的不同,这个对我们自己的思考也作了促进。

丁圆(中央美术学院建筑学院副教授):我们做教育行业的一直在反思这个问题,归根结底就是两个对应,一个就是所谓的感性和理性,一个是素质还是精英。翻开我们新中国教育来看,一直在围绕这些东西谈论,只是有不同的方式而已。最近我看到一个报道,讲到德国某个艺术学院的毕业设计。说一个班上有10个同学要毕业,是做工业产品设计的,大概有半年左右的时间他们都在做,做完以后毕业了要展览,所有学生都去看谁能够毕业。结果8个同学把想法,各种变迁的过程,到最后全部展现出来了,但是最后没有产品。2个同学把一个很好的产品做出来了,设计非常完美,而且用的工艺、手法交代得清清楚楚。结果大出意料。这两位同学,他们很完美地表现出来了展品,但是不及格,不及格有学历没有学位,这8个学生是有学历有学位。我看了评语:如果你在我这里花这么多时间学习,最后你做出这个东西的话,那你应该不是在艺术学校学习。从这个评语当中,我们反过来看看,我们在谈论感性也好,理性也好,这个事情的出发点在哪里?是因为我们有一个出口,我们必须达到这个要求才能与别人对接,如果一个毕业生出来我只能和你高谈阔论,叫你画一张图给我,他不会,那我不要。

落实到下面一个问题,是素质还是精英。若干年以来,都有一个精英模式,精英是能够适应这个社会的,我在做学生的时候,老师给我一句话,他说你毕业以后要为我们学校争光,你到了设计院,马上能画图。归结到最后我们毕业要成为一个什么样的人,所有东西都在这里面进行纠葛。那社会上对我们的评价是什么?在概念的阶段,可以利用美院学生发表观点,而真正落实是靠理工院校的学生来把它完成。

有一次几个院校坐在一起，也是一种联合课题，我们坐在一起说各自的学校有什么特点。结果是，中央美术学院的学生做一个想法，清华大学的学生把逻辑性给串联起来，北京建筑工程学院的同学完成施工图和落实。这难道就是我们所谓的理想状态，还是我们要做的东西？

后世博，这个题目当中，我想大多数老师也是一样，希望学生去发散地想出各种招，去切入这个主题，去探讨这个问题。但是我不知道，其他老师有什么感想，包括看这些作品也好，很容易想到一个内形上去，也就是说切入一个内形，把这个内形进行功能的转换，这是很容易会想到的问题。我记得我们在第一次傅老师组织的见面会上，我就提出，这个题目不用我们来考虑，这么好的土地还用得着我们老师想办法怎么来弄吗？早就有人想好了，楼面价格、价值都给你算出来了，还用我们去考虑什么问题吗？但是我们反过来想，我们不从楼面价值去考虑，从城市本身的价值来考虑这个问题的话，它又会变成什么样？所以在这个主题上面，一个城市要更替，我们现在的更替往往是手术更替，就是你是感冒，是扁桃体引起的，那就把扁桃体给割了，用这种极端的方式来处理问题。中医是调理这种气血之间的关系，会得出不同的结论。所以站在这种更替的角度上，把内形简单化的东西抛开。

主持人：我们四校的老师谈了很多，下面请四校以外的嘉宾谈谈。

彭军（天津美术学院设计学院副院长）：我觉得毕业展览能反映出学校的教学理念和教学的特点。包括这次、上次四院的教学成果通过学生所反映出来的理念是特别受关注。首先，我觉得这些学生的作品有很大的提高，是艺术院校办建筑专业非常好的示范项目。通过这个我也有一些不太成熟的想法。所谓的艺术院校搞建筑专业，我觉得应该是把建筑类和艺术类的优点凝结到一块，但是限于各方面的条件，脱离不了社会所带来的冲击，真正要办特色真的非常艰难，一个问题就是题目不在大，做得稍微更深入一点。今天这个建筑，我想不可能是建筑加室内设计师等于建筑，可能是建筑的整个理念贯穿，这就关系到一个大建筑的设计问题，我觉得在美院当中要打破这个常规，最后的结果，建筑作为一个非常强的艺术属性的专业设计作品来体现出来，而这个我觉得是当下中国传统建筑中，专业好像不太好具备。

第二，说实话，我特别地敬佩傅老师，艺术院校专业的人，原因在于，办这些事和脱离不了国情。中间去看了世博会，我有一个感触，比如中国馆，我大致用十几分钟很快地看完。我觉得中国馆各个省市的效果跟1999年昆明园艺世博会没有什么太大区别。它不是诠释世博会的主题，它是各个省市政绩的展示，像这样的情况，必然会对教育，会对学生的观察产生一个特别大的影响。说到这，另外一个命题就是设计的底线，刚才丁老师讲的，两个学生没及格，关键在出的题目对不对，有没有界限，没有界限的话无法评判。

马克辛（鲁迅美术学院环境艺术系主任）：俗话讲，酒后吐真言，我这个人是酒前也没怎么讲话，所以我说话你们都不用太介意，说的就是我的心里语言。四校之间的联合设计我没参与，所以我想我还是不发言为好。所以，我谈点别的，跟这个四校联合既有关系又没关系。我们假设世博对上海的影响力非常大，它把设计带入了上海，带入了中国，真正的大设计师把作品都落到了上海，所以这个冲击力大。自然，后世博这个话题也是由它而引发的。

教育是非常朴素的一件事情，因为学生什么都不懂，你要他完成一个片区的理念，整个功能的可行性，方案的实施性，经济社会价值运行的可行方案，加上美学的东西，确实这些学生最后弄来弄去，给他驾驭多了以后，做出来的东西还特别像，而且每个学生之间也特别像。现在在网上花点钱，可以把东西全套都下载下来，成为方案的原创，几个草图引发一个概念，比如一个飘带，怎么把它进行各种各样的整合。所以，从设计来讲，切入点是完全不同的，有些是文化层面的切入点，有些是经济的切入点等，其实我们现在看的东西非常多，当然我们也拍照片，从上到下，从展览各个功能的匹配，非常好。但是东西好还是不好，用起来的人才知道。如果你们容纳非建筑专业，环艺专业有可能加入这个队伍的话，有可能在四校以外再选择一个学校的话，希望你们能想到东北三省的美术学院，貌似黑社会的我，以及我的学生们。

戎安（中央美术学院建筑学院教授）： 现在的社会很功利。实际上从我个人角度，我在上学的时候，我学到了很多东西。我们的财富就是经历，但是我们这种经历往往是跟时代联系在一起的，这样的一个过程和国家的发展是一致的，这变成了我们的经验和人生的价值，所以选这个题很主要的是，这个世界、这样的一个城市。不管它有什么不足之处，这个事件在中国发生。

第二，在面对世博和后世博这个问题上，是我们跟学生在一起去研究一件事件，这个是非常有价值的。其实我们没有经历，上海了解吗？来过但并不了解。但是在不到三个月的时间里面，我们和学生一同经历了这样的过程。这个过程中间，我们的研究生、本科生在一起讨论，这个过程是它实际的价值。

第三，我们不是完成了一个毕业成绩，而是完成一个毕业创作。在这之前不可能用我们的经验去组织一个毕业设计，我们面对一个突发的事件——完全全新课题，这个过程我们去参与，做的过程已经进入到国际性的教育水平。因为我在国外上学的时候，学校经常要让学生做完全陌生的事情，这样的一个过程实际上是一种挑战，你在很短的时间怎么去创作，这就是创作的含义。还有一点，世博本身的课题是一个城市的课题，我始终认为翻译有问题，更好的城市，更好的生活。它是个愿景，现在把它变成一个定语固定下来了，就是"城市，让生活更美好"，如果是一个美好的城市或者是一个美好的生活，应该是什么样的？本身这个可以是建筑师培养、艺术家培养的共同课题。再下来就是我们这样的课题很难去划分专业，你是城市设计专业，你是景观专业，你是建筑学专业，还是设计专业，很难设定，回到建筑学很原本的概念，建筑学和美学的观念去解决实际问题，在这个问题中间并不去严格地说你是建筑，你是艺术，这就回到美院办建筑学的理念。是从美学的角度，从人的生活角度，重新研究环境问题，研究人们的最终问题，研究创作的问题，让学生们一块跟我们在时代的潮流中间一步一步行走。

最后一点，就是对评估的看法，其实很多美术学院的老师在反对评估，我知道你们的矛盾，评估的情况是把差的怎么向好的看齐。做得好是把落到边缘的地方拉到相对平的地方，所以这几年评估的原则也在变化，一个是范围在不断扩大，需要评估。现在要稳定，希望在评估的过程中间出现多元化，要有特色。有一个特色，有一个主流，还有一个高起点、高水准，这三个要求对我们美术学院的发展有促进。主流的问题刚才大家都在谈，我们要入的主流是什么？是需要研究的问题，高水准。我们的高水准是定在国际水准，国际水准的教育水准是什么？客观地说，工科类院校和艺术类院校在欧洲没有根本区别，我们曾经在欧洲做过一次交流，来了一批毕业生，三个作品拿出来，完全不一样。柏林这个城市是自由城市，它的教育模式是完全另外的一种模式，每一个学生都不一样。

我们四校联合做，叫学而不适，和而不同，我们要有一个共同的理解，但是我们每个人都要有特色，这是我的观点。

主持人： 中央美术学院的同学对我们这个课题的投入程度非常大，我们中期评图的时候，他们对基地现场的了解，对世博有关信息的收集非常深入，而且他们来的时候是4月份，世博园区安全检验最严的时候，他们都想法去了现场。后来我到四川去参加中期评估，他们也做得非常好，把上海的历史基本都翻出来了。说明美院真的非常投入，现在的信息社会不是一个问题，我觉得我在以这个事例反复激励我们的同学。

傅祎（中央美术学院建筑学院副院长）： 就评估我觉得我们是头一家，后面会不会跟着一大批进来呢？要不要申请评估，也有两派的态度。有的觉得没有必要参加评估，最初我也是不愿意参加评估的那一派，后来说服我的一个观点是，以前我们美院1993年办专业的时候，实际上社会并不认可，认为不可能在美术院校来办建筑学。到2002年的时候就能够接纳美院办建筑系这样一个专业。最初的时候是10个学生的招生规模，到现在是100个学生。这100个学生并不意味着我们现在有100个出色的学生。底下的基数变化大，可能最优秀的学生还是只有10个。所以学校不能以培养精英的方式去培养学生，每个学生有自己的特色，所以我觉得应该去评估。另外，我们开始参加评估的时候，中央美术学院并不一定要争取通过，其实我们是把这件事作为一个推广的事在看，就是让更多的院校，或者更多的用人单位，了解我们中央美术学院是怎么回事，是以这样的态度去参加评估。在评委里头，设计院基本都是持反对意见的，所有高校基本都是支持的，最后是以一票之差通过评选。通过我们美术院校的评估，看到了一个情况：在评估中，你要符合基本条款才能通过评估，特色条款是可以加分的。我们美术院校进去以后，评估这个事在改变，从这一点上来说有积极的意义，而且对在座美术院校办建筑学专业也是一个很好的信号，说明我们正在做的事是一件好的事情。

从我们建筑学院的教学来说，这项评估更加强调一种多元，我们在五年的教育当中，是在执行一个比较统一的大纲，最后一个毕业设计是工作室教学，就是在专业方向上几个工作室都鼓励，特点有所不同，重点有所不同。今年我们参加后世博这个课题，三个老师的工作室应对这个课题的解读是不一样的，我们学院内的答辩也是一个开放式的答辩，也是代表着各种各样的意见，有声音说，美院学生的毕业设计，景观的设计应该在三维形象上要有突破。你所有的设计也好，选题也好，老师评价也好，你站在不同的立场有不同的策略，自然有不同的结果。所以美院要做的事情就是能够允许在一个基本专业底线的基础上有一个多元的标准，这就是怎么能够兼顾到学生的特色。从后世博这个课题多元的解读也好，还是从我们教育学多元的宽容度也好，这是一个有意义的事情。

另外，展览的结果、面貌不太具有美院特点，可能具有两方面的原因。其中之一是因为运输的问题，这是效率和经济的问题，这也限制了最后呈现的结果。另外一个原因，也是我在美术院校这么多年以来一直在想的事情。美院其他院系作品的结果就是成果，而我们这个专业最后的结果不是成果。所以提出另外一个话题，我们叫纸上建筑，你的纸上建筑用一种什么方式去表达去陈述，这是一种可以探讨的话题，这方面的课题，即使是美术院校出来的老师，在表达的层面上所作的探讨也不是很够。

吴昊（西安美术学院建筑及环境艺术系主任）：今天这个结果，我觉得已经成为对世博后期的完善。我觉得这次能够到上海来，是一个意外的收获。四校联合已经超出了四校联合本身了，也超出了题目的做法本身，也不光是四校联合的自身。把后世博的题目拿出来，让学生能够参与进来，是目前建筑专业里面率先做的一件事情。四校联合，联合和不联合是不一样的，四校联合，尽管题目一样，但是做法还是不一样的。

另外，这个架构原来我们也有这方面的想法，最后没有去做。原来有一个同济大学室内设计和西安交通大学建筑学联合的想法，就是专业不一样的联合，只是讨论了几次，但是没有真正行动起来，我们想的是怎么为农民设计，做过了一个四校联合，地孔式窑洞的保护，但是不是把它做成方案就完了。咱们后世博这个题目是在命题下的子题目，这是探讨四校联合的意义。这次来，是四校联合的第二次，从中央美术学院到上海大学，这个也对我们今后探讨四校联合的做法起到一定的启发作用。这次通过这样的四校联合，其实打破了毕业设计的一个规定动作这样一个做法。

何夏昀（广州美术学院建筑与环境艺术设计系讲师）：今年我是第一次带毕业设计，也是第一年工作，获益也非常多。在座的各位老师都有非常深的交流，也是很好的学习机会。另外，谈谈毕业设计定位这方面。在辅导过程当中，学生对设计的定位不是特别明确，他们会直接问你,到底要画多少CAD,要画多少分析图。我当时给他们的解释就是,既是你对四年学习成果的总结,也是对你四年学习成果的检验,这个过程最终的结果重要,但是更重要的是在于你,自身不断去完善设计技能。我觉得在四校工作营的过程当中,专业是一部分,还有对人生价值也部分承担了心理辅导,或者职业规划导师的态度。这是我对这次工作的一个基本想法。

主持人:下面我请我们在世博园区有具体作品的建筑师谈谈后世博。

朱邦范(上海城建设计院建筑分院院长):一个是美院学生学习的问题,还有一个是后世博的问题。我们设计院的人比较多,接触的学生也是比较多的,当然我们建筑类的人员大部分还是工科院系的建筑学学生,美术院系我也接触过几个。在上海、同济大学、上海交通大学、上海大学有建筑系,上海大学的学生基本都是上海本地的,比较安分,脑子也是比较活络的,做事还是相对很讨巧地做下去,上海交通大学的建筑师太偏科了,其他几个美术院系的学生我也接触过。我前年招一个清华大学美术学院的研究生,他现在帮我做一个桥梁的设计,这个孩子创造的造型我觉得蛮强的。中央美术学院做小建筑还是比较多的,其他的几个美院我没有接触过,有可能以前认识,稍微接触过一点,有可能现在的学生不一定到设计院,因为我们设计院有时候做建筑,有时候做规划。

第二个谈后世博,我觉得四大院校对这个课题非常的严谨。有一个后世博研究从2009年就开始了,做后期的场馆建设,包括场地使用,还是不一样的,它从城市角度,把上海滩最重要的地方置换到南浦大桥和卢浦大桥之间,整个地块的建筑都要盖起来,包括王老师刚才讲的那块地。其实是2007年开始已经考虑后期建筑。对世博里面的接触主要分三个,一个是一轴四馆,我觉得世博会的建筑,有可能跟奥运会还是有点区别的,相对来说建筑还是比较中规中矩的。还有一类大规模的40万m²的钢结构厂房。第三类就是我认为是比较实验性的作品,包括各个国家的国家馆。这次世博提倡低碳环保,现在我们是低技环保,高技环保讲起来非常好,但是实际用起来却是背道而驰。太阳能光电板生产成本很高。

最近各个地方设计院也组织去看世博,通过世博会思考我国后期的建筑往哪方面发展,但是很难切入到一个点,因为建筑的类型太多,因为世博是一个多样性的东西。

杨岩(广州美术学院建筑与环境艺术设计系主任):今天下午各位都谈得很好,都围绕着世博、后世博、艺术院校教学等话题,都蛮有意思的,也是咱们见面的主话题。利用这次聚在一起的机会,谈谈我的感觉。2005年开始陆续在世博园里看了很多次,到试运行也看了很多次,看完了以后,那种感受是不一样的,因为都带有一种期盼,我相信在座各位如果去过的,从言谈之中都感觉特别好,在学术上也好,感觉上也好,不见得有多大的意义。如果站在国家、大众的角度去看世博的时候,毫无疑问是成功的,不管怎么讲有那么多人流量,从大众角度讲是做得成功的。如果从专业角度看世博,会带有另外的眼光、专业的情调、专业的思维去看很多不尽如人意的地方,所以这是关于世博这一块。关于后世博这一块,政府都已经规划好了,哪块地给谁做,多少钱。我们在这个过程中也预计过政府会出这些招。但是问题是我们的老师,没有采取僵硬的态度去指导学生,这很有意思的。如果我们修正政府概念的一些不良倾向,去改良它,而不是颠覆它,这样能不能达到我们的目的呢?政府定位可能出于经济的考量、发展GDP的考量,我们可能处于我们的政治文脉、哲学共识等文化的考量,但是这种考量肯定有自己的核心价值,当这种短期的和长期的利益碰撞的时候,我们怎么样取舍,我们有没有更折中的思考,我就想到这个事情。这种东西的话语权不在高校教师之中,还是在权力部门里头,这一点还是非常清晰的。

各位谈的给我一个想法,如何看理工建筑和艺术院校建筑专业。我也在建筑院校待过一段时间,后来也在艺术院校里头当老师,从这两点来讲，我觉得非常有意思，我们不需要太多强调理工的、艺术的、理性的跟感性的模式，如果艺术有感性和理性之分的话，都是很难界定的。在我们培养人才的时候，我们不管它海阔天空，到头来还是要落实到项目执行上。刚才聊的时候，我感觉艺术院校的人去面对一件事情的时候，很少会把它想到这个是谁来做的？当面对一个工业设计产品的时候，学设计的人会毫无疑问地说这都是我做的。而按传统建筑院校的思维，会分得很清楚，这结构是我做的，这个绿化是他做的，一样一样会分得很清。如果一个艺术院校的建筑教学，从一早就建立一个系统。一点切入的时候，我们要从这个系统里面思考，只要系统内的事情都是由我做的。这样一来，对项目的执行力是有震慑力的。

最后，现在教学普遍还是有一个急功近利的情况。过去，所有的设计都是没有主题的，就是针对一个类型做设计。现在慢慢在高校教育里头有一个倾向，都以主题来教学，都以自己的观念来教学，这样一来都会延伸一个很时尚的主题——可持续也好、低碳也好、后世博也好，很像新闻性的主题，但是后续有很多工作，做的时候跟标题离得很远。其实标题不重要，只要你观点清晰。四校联合，让我们清澈地看到不同院校的特点，但是我有一种担心，四校联合会不会变成同质化，把自己那一块就丢掉了。其实没有地域性就没有当代性了，也就没有国际性了。所以我想我们的联合应该是在很鲜明的自己主张立场之下的联合。这样的话，将来我们的联合办学应该妥协一些，各自持有自己的视野跟立场。

主持人：什么时候我们四院做不出来了，就停一两年，我觉得特色最最重要的是，每个学校要坚持自己的特色。

王平妤（四川美术学院建筑艺术系讲师）：毕业设计我没有全程参与其中，但是我对毕业设计的课程还是有点想法，比如今天看了展览之后，我的一个想法是，我们作为艺术学院建筑系的学生，它的展览跟工科院系学生的差别，或者叫特点应该是什么？这是一个很重要的问题。你跟别人比，从哪方面来比，比如对方案的深入考虑、对技术上的考虑可能不如别人，包括我们的学生在毕业创作的初期都会提到，假如最后展览的话，美术学院学生的特点是什么？如果在同一个起跑线上，不一定能够在这方面差于别人，希望在图形的思维能力上面能够更强于别人。

第二，就是对设计的深入程度，通过今天看整个场地的展览，我也认真看了几个学校的学生作品。有一个感觉就是有一个中央美术学院学生的设计能力还是比较强的，最后出来的效果方面更强一点。其他几个院校的学生有比较突出的，对方案的深入程度要弱一点。这次展览的效果，我觉得还是挺好的，包括场地、展示的效果。通过这个平台把几个学校的学生聚集起来交流，第一是能够提高他们对毕业设计的一种热情，第二也能够找出自己和中央美术学院、上海大学美术学院的差异。

谢建军（上海大学美术学院建筑系副教授）：我谈几点感受，一个是艺术院校跟工科院校有什么差异？美术院校对传统来讲是一种跨界，比如这次世博会，很多人就提出世博会的建筑是跨界思考的产物，在传统的体制内跨界的产物会比较少，但是有一个固本的问题。后世博的题目提得非常好，这个问题涉及一系列的思考。相比通常的课程设计，我们同学之间的水准，差异的幅度是很小的，因为老师一直盯着他们在做，出来的是一个标准模式。后世博题目出来之后，发现学生的落差拉得很大，好的做得非常好，差的让人啼笑皆非。所以后世博这个题目，需要同学去投入和思考。好的学生真的做得非常好，从创意到落地都做得非常好。很多学生都没办法落地，还有一些落地的作品出现了很多漏洞。我们作为艺术院校有跨界的优势，艺术院校和工科院校结合，可以给学生更加自由的思考，但是基本功这方面需要有一个整体的提升，在毕业设计中，尤其在急剧挑战的题目里头，好学生和差学生之间有很大的差异。我觉得这个题目很好,就是要让学生的差异暴露出来,暴露得越早越好,有些学生发觉自己并不适合做设计师,可能会转型,我觉得并不是所有人都适合做设计师,这样通过自己作品与别人作品的比较中,找到自己人生的定位。有的学生说我要去做施工体验,这也是一种新的跨界。

主持人: 我们这个展厅的布置都是谢老师在弄的,非常的辛苦。(掌声)

哈凌(上海大学美术学院建筑系兼职老师): 我看了展览和听了各位老师的真知灼见,收获蛮大的。王老师提到我刚从英国回来,我就结合自己在英国AA的经历,对于类似问题的经验简单讲一讲。我觉得很多老师都提到了理性和感性的问题,还有创意和工程性上面的问题。我呆的学校也是悠久的建筑专科学校,它对面是伦敦大学下面的一个建筑学校,这两个学校离得很近,也很有名,一直拿来比较。AA学校是比较理性的,整个路子是比较严谨的,按照传统建筑学一步一步往上深入的。而巴特莱学校是偏感性的。在欧洲来讲,进入一个大学的时候,尤其是德国,包括欧洲学校,他们对于大学和培训的学院定位是分得非常开的,不是特别注重职业技能的培训。大学教育里面的第一步是所有人都能够完成的,第二步就看你毕业设计是不是达到要求。AA是沿着建筑学的路子,往建筑学深入,而巴特莱学院则学跟建筑学相关的,包括雕塑、音乐及其他门类,这样给学生打开了其他的门。按照比例来讲,最后通过第二步的学生AA比较突出,AA出来的学生成为著名建筑师的很多。欧洲人进入大学以后,才进一步明确自己需要干什么,这一点和我们大学有一点不一样,有一些是体制上的问题。

主持人: 今天上午来了很多媒体,对我们很支持。我们请《新建筑》的吴老师讲讲。

吴广陵(《新建筑》编辑): 作为杂志来说,参加活动也挺多的,从前期宣传到最后的结束,全部参加还真的是第一次。我之前有一个想法,就是想知道美院系统的建筑跟工科建筑之间的区别,虽然我不是学建筑专业的,但是感受还是挺多的,我希望这个活动会一直延续下去,我们也会一直报道、一直跟踪下去,同时希望作为美院系统的专业,有好的作品、好的文章也向我们杂志多多赐稿。

主持人: 我们今天的研讨会就此圆满结束。谢谢各位!(掌声)